羊寄生虫病与防控技术

主　编　郝桂英
副主编　徐　睿　亓东明
参　编　王燕群　任红梅　朱育星

WUHAN UNIVERSITY PRESS
武汉大学出版社

图书在版编目(CIP)数据

羊寄生虫病与防控技术/郝桂英主编 . —武汉:武汉大学出版社,2021.6
ISBN 978-7-307-22346-2

Ⅰ.羊… Ⅱ.郝… Ⅲ.羊病—寄生虫病—防治 Ⅳ.S858.26

中国版本图书馆 CIP 数据核字(2021)第 088036 号

责任编辑:李嘉琪 责任校对:刘小娟 装帧设计:吴 极

出版发行:**武汉大学出版社** (430072 武昌 珞珈山)

(电子邮箱:whu_publish@163.com 网址:www.stmpress.cn)

印刷:广东虎彩云印刷有限公司

开本:787×1092 1/16 印张:10 字数:234 千字

版次:2021 年 6 月第 1 版 2021 年 6 月第 1 次印刷

ISBN 978-7-307-22346-2 定价:68.00 元

前　言

羊寄生虫病是由寄生在羊体内外的吸虫、绦虫、线虫、原虫、蜱、螨、昆虫等引起的一种慢性、消耗性疾病。寄生虫可寄生于羊的各器官(骨除外)中,包括肝脏、肺脏、脾脏、脑、消化道等,这些寄生虫不断地夺取羊的营养,造成器官的机械性损伤,释放毒素,传播疫病等,引起羊体消瘦、生长缓慢、腹泻、被毛粗乱、流产、生产性能下降,感染严重的羊出现死亡。羊寄生虫病是危害养羊业发展的重要因素之一。因此,必须重视和加强羊寄生虫病的防控工作,促进养羊业的健康发展。

羊寄生虫病在我国发生非常普遍,特别是成年放牧羊,寄生虫感染率几乎达到100%。过去,人们对寄生虫病的危害认识不足,没有认真防范。随着养羊业的发展,寄生虫病的危害日趋严重,人们已开始加大对羊寄生虫病的防治力度,但由于对寄生虫病的发生、流行、病原特点及科学防治方法了解不多,所以防治效果并不理想。为了让广大基层兽医工作者、农牧民养殖户做羊寄生虫病防治的明白人,编者特编写此书,介绍羊寄生虫病防治的新理念、新技术、新方法,供羊寄生虫病防治者参考。

本书由郝桂英担任主编,徐睿、亓东明担任副主编,王燕群、任红梅、朱育星担任参编。具体编写分工如下:第一章、第二章、第三章第一节、第三章第六节、第三章第七节、第四章、第五章和第六章由郝桂英编写,第三章第二节和第三节由郝桂英、徐睿、亓东明编写,第三章第四节和第五节由王燕群、任红梅、朱育星编写。全书由郝桂英统稿。

在编写过程中,直接或间接参考、援引国内外的有关参考文献,部分参考文献已附于书末,对于仍未能一一注明其出处者,在此表示诚挚的感谢。

由于时间仓促,加之编者水平有限,书中可能存在缺点和不足,敬请广大读者批评指正。

编　者

2021 年 1 月

目　　录

第一章　羊寄生虫病概况

第一节　羊寄生虫病的危害

羊寄生虫病是由寄生虫侵袭羊的体内或体表,不断吸取机体营养,造成机械性损伤,分泌毒素,扰乱羊的正常生理功能,造成羊的发育不良、贫血、消瘦,甚至死亡的一类疾病,是羊的常见疾病之一。

寄生虫可寄生于除骨以外的所有组织器官中,寄生于羊心脏的寄生虫有羊囊尾蚴、住肉孢子虫、弓形虫、新孢子虫,静脉的有日本血吸虫、东毕吸虫,血液中的有莫氏巴贝斯虫、吕氏泰勒虫、尤氏泰勒虫等;肺脏的有细粒棘球蚴、丝状网尾线虫、毛样缪勒线虫、柯氏原圆线虫、弓形虫、新孢子虫;肝脏或肝脏胆管的有肝片形吸虫、大片形吸虫、矛形双腔吸虫、中华双腔吸虫、细粒棘球蚴、细颈囊尾蚴、弓形虫、新孢子虫;胰脏的有胰阔盘吸虫、腔阔盘吸虫、枝睾阔盘吸虫、古柏线虫等;腹腔的有细颈囊尾蚴;瘤胃壁、网胃壁的有前后盘吸虫;皱胃(又称真胃)的有血矛线虫、马歇尔线虫、奥斯特线虫、毛细线虫、长刺线虫、古柏线虫、毛圆线虫;小肠的有扩展莫尼茨绦虫、贝氏莫尼茨绦虫、盖氏曲子宫绦虫、中点无卵黄腺绦虫、羊蛔虫、奥拉奇细颈线虫、叶氏古柏线虫、副古柏线虫、蛇形毛圆线虫、艾氏毛圆线虫、突尾毛圆线虫、环纹奥斯特线虫、羊仰口线虫、乳突类圆线虫、马歇尔线虫、球虫、隐孢子虫等;大肠的有哥伦比亚食道口线虫、粗纹食道口线虫、绵羊夏伯特线虫、叶氏夏伯特线虫、绵羊毛尾线虫、球鞘毛尾线虫、球虫、隐孢子虫等;脑内的有脑多头蚴、指形丝状线虫、鹿丝状线虫、弓形虫、新孢子虫等;眼内的有罗氏吸吮线虫;食道的有美丽筒线虫;肌肉内的有住肉孢子虫、羊囊尾蚴;大脑的有弓形虫、新孢子虫;皮肤上的有硬蜱、软蜱、疥螨、痒螨、蠕形螨、羊虱蝇、颚虱、毛虱、花蠕形蚤等。这些寄生虫寄生在羊的体内外,除了直接对羊产生危害外,还影响公共卫生安全。

一、直接危害

(一)夺取羊的营养

羊通过吃草、吃料,将食物转变为可吸收的蛋白质、糖类、脂肪、维生素、矿物质,而寄生在羊体内外的寄生虫优先吸收这些营养,剩下的营养物质才能被羊吸收。

寄生于羊体内的吸虫、线虫等直接摄取羊肠道中的营养物质维持生命和繁殖。本身无消化系统的绦虫等靠体表渗透的方式吸收营养物质,一只羊可感染十几条绦虫,这些绦虫每天要夺取大量的营养物质。

有些寄生虫直接吸取羊的血液,如捻转血矛线虫、羊仰口线虫、蜱、蚊等。具有消化系统的蜱、虱、蚤、蚊等以其口器吸取羊的血液。100条寄生在羊皱胃中的捻转血矛线虫每条每天能吸血约1.5mL,通常羊大量感染时体内有上千条成虫,能造成大量血液的损失;1只雌蜱吸饱血后,其质量达0.8g,而有的羊体可寄生上百只蜱。(李芳芳等,2019)

有些寄生虫消化、吞食羊的组织细胞,如夏伯特线虫将羊的大肠黏膜纳入口囊并吞食羊的组织。

(二)机械性损伤

有些寄生虫损伤羊的组织器官。寄生在羊消化道的吸虫、绦虫、线虫以吸盘、吻突、口囊等特殊器官附着在胃、肠等组织器官的黏膜上,造成局部损伤,如羊仰口线虫引起小肠黏膜糜烂出血,疥螨在皮肤角质层下挖凿隧道等。

许多寄生虫的幼虫在羊体内移行,最后到达适宜器官发育成成虫。幼虫移动时,损伤组织器官,造成"虫道",引起出血、炎症等,如肝片形吸虫幼虫引起的肝脏出血和形成的虫道,蛔虫幼虫引起的蛔虫性肺炎。有些寄生虫的幼虫在钻入宿主时,引起侵入处的皮肤、黏膜的损伤,如日本血吸虫尾蚴、羊仰口线虫幼虫侵入羊皮肤时引起皮炎。

有些寄生虫寄生数量多或扭结成团时,常可造成羊腔道器官的堵塞。如大量莫尼茨绦虫团集在羔羊小肠引起肠道堵塞,肺线虫引起羊气管、支气管堵塞。

有些寄生虫的幼虫在宿主寄生部位不断生长时,可压迫其周围的组织器官,使之萎缩、变性、坏死,从而引起相应组织器官的功能障碍。如寄生在羊脑组织内的脑多头蚴压迫脑组织,引起脑组织的贫血、萎缩,导致羊出现各种神经症状;细粒棘球蚴压迫羊的肝脏、肺脏,引起肝脏、肺脏的机能障碍。

(三)释放毒素

寄生虫在羊体内寄生,不断释放的代谢产物、排泄物和分泌物,虫体、虫卵死亡崩解时的产物,都对羊体产生毒害作用,引起局部或全身反应。如羊仰口线虫分泌的抗凝血物质,使其吸着部位的肠黏膜长期出血,增加了羊的贫血程度;有些硬蜱的唾液内含有的毒素能作用于羊的运动肌和感觉神经,干扰神经肌肉传递而引起上行性肌肉麻痹,导致羊发生瘫痪,称为"蜱瘫痪"。

寄生虫的各种分泌物、排泄物和更新脱落的表膜等常常作为抗原诱发机体产生各种类型的变态反应,从而给宿主带来严重危害。如细粒棘球蚴的囊壁一旦破裂,囊液可引起宿主发生全身性的速发型变态反应,导致宿主发生过敏性休克,甚至死亡;梨形虫产生的抗原造成宿主的红细胞溶解,这是引起宿主贫血的原因之一;血吸虫成虫产生的抗原导致肾小球基底膜损伤;沉积在宿主肝脏、肠组织中的血吸虫虫卵发育成熟后,卵内毛蚴分泌的可溶性虫卵抗原经卵壳上的微孔渗出到组织中,导致肉芽肿的形成,以后发生机化,从而引起一系列的严重病理损害。

(四)传播疫病

硬蜱、软蜱、蚊、蝇等寄生虫除了对羊产生直接危害外,还可携带和传播多种重要的动物疫病,如病毒病(森林脑炎、蜱媒性出血热、非洲猪瘟)、立克次体病(Q热、北亚蜱媒斑点热)、细菌病(鼠疫、土拉杆菌病、布鲁氏菌病、炭疽)、螺旋体病(蜱媒回归热、莱姆病)、原虫病(泰勒虫病、巴贝斯虫病)等。

羊寄生虫病是一种慢性、消耗性疾病,吸虫、绦虫、线虫、原虫、蜱、螨等寄生虫寄生在羊的体内或体表,通过夺取营养、机械损伤组织器官、释放内毒素和外毒素、传播疫病等方式危害羊只健康。羊寄生虫病造成的死亡率较低,通常不会出现快速传播感染,主要为慢性侵染,因此很容易被忽视。羔羊感染寄生虫后,由于寄生虫在体内繁殖生长,吸收营养物质,影响羔羊的正常生长发育,所以会导致羔羊生长缓慢、消瘦、皮毛干燥、腹泻;已经配种的母羊感染寄生虫后可能引发流产或产死胎;成年羊感染寄生虫后则生产性能下降,抵抗力下降,很容易发病或继发感染其他传染性疾病。大量感染细粒棘球蚴的羊的肝脏和肺脏不能食用。有些寄生虫病还可造成羊的大批死亡,如片形吸虫病、捻转血矛线虫病、泰勒虫病等,给养羊业造成重大经济损失。因此,需要充分认识羊寄生虫病造成的危害,强化寄生虫病分类,构建完善的防控措施,降低发病率,提高养殖者的经济效益。

二、影响公共卫生安全

(一)羊寄生虫病对公共卫生安全的影响

有许多寄生虫病是羊和人的共患寄生虫病,我国已报道的有片形吸虫病、日本血吸虫病、弓形虫病、隐孢子虫病、肉孢子虫病等。这些寄生虫病不仅可致羊发病,还可以以羊为传染源,通过一定的途径传染给人或其他动物,散播病原。

(二)羊寄生虫病的不规范防治措施对公共卫生安全的影响

哺乳期羊的寄生虫病防治因羊奶中的药物残留而给公共卫生安全带来潜在危害。国内外对抗寄生虫药物都有严格的弃奶期和禁用规定。如阿苯达唑、左旋咪唑等寄生虫药物是泌乳期禁用的。羊的寄生虫病防治如果不严格遵照规定,可能引发滥用药物带来的食品安全等问题。

第二节　羊寄生虫病流行病学

一、羊寄生虫病流行的基本环节

羊寄生虫病的发生和流行必须具备传染源、传播途径和易感动物(羊)三个基本条件,即三个基本环节。只有当这三个环节在某一地区同时存在并相互联系时,相应的羊寄生虫病才可能发生和流行。

(一)传染源

羊寄生虫病的传染源是指体内外有寄生虫寄生的宿主,主要包括终末宿主、中间宿主、保虫宿主、带虫宿主等。作为传染源,其体内的寄生虫在生活史的某一发育阶段可以主动或被动、直接或间接进入另一宿主体内继续发育。病原(寄生虫的虫卵、幼虫、虫体)通过宿主的粪便、尿液、血液等不断排出体外污染环境,在自然环境中或转入中间宿主体内发育到感染阶段,然后经一定途径转移给易感宿主。

羊既可作为一些寄生虫的中间宿主，又可作为一些寄生虫的终末宿主，如羊既可是细粒棘球蚴、细颈囊尾蚴、弓形虫等的中间宿主，又可是肝片形吸虫、大片形吸虫、矛形双腔吸虫、中华双腔吸虫、腔阔盘吸虫、胰阔盘吸虫、枝睾阔盘吸虫、鹿前后盘吸虫、日本血吸虫、土耳其斯坦东毕吸虫等的终末宿主。

有些带虫者没有表现出临床症状，常被忽略而被视为健康动物，但它们不断地向周围环境散播病原，是寄生虫病的重要传染源。

(二)传播途径

寄生虫的种类和寄生部位不同，从传染源排出时所处的发育阶段和排出途径也不相同。多数吸虫、绦虫、线虫等蠕虫以虫卵或幼虫的形式随羊的粪便、痰液排出；一些丝虫的微丝蚴进入血液中，随中间宿主吸血昆虫的吸血而移出；寄生于消化道的原虫常在卵囊或包囊阶段随宿主的粪便排出；巴贝斯虫、泰勒虫等血液原虫则是在血细胞内形成配子体，随蜱的吸血而离开宿主。

由传染源排出的寄生虫虫卵或卵囊、幼虫和包囊等，必须通过适当的方式进行传播，才能到达新的宿主体上。许多寄生虫在传播过程中还必须在外界或中间宿主与传播媒介体内发育，甚至繁殖后才能达到感染期而对新宿主具有感染力。羊寄生虫病常见的传播途径有：①经土、饲料、饲草和水传播。如捻转血矛线虫产出的桑葚期虫卵随羊粪便排出，在外界发育为第三期幼虫(感染性幼虫)，幼虫爬到牧草上或被冲入水中，当羊吃草或饮水时即引起羊的感染。②经中间宿主传播。由终末宿主体内排出的虫卵或幼虫，进入中间宿主体内发育繁殖后达到感染阶段，终末宿主因吞食这种含有感染性幼虫的中间宿主而感染。如羊因吞食含有似囊尾蚴的中间宿主地螨而感染莫尼茨绦虫；肝片形吸虫的虫卵随羊粪便排至外界，经发育后在水中孵出毛蚴，毛蚴钻入中间宿主椎实螺体内发育繁殖后形成尾蚴，尾蚴从螺体逸出附着在水草或水面上形成囊蚴，羊因吃水草或饮水吞食囊蚴而感染。③多数原虫和少数线虫经媒介传播。如硬蜱传播巴贝斯虫、泰勒虫，蚊传播丝虫。④虱、疥螨、痒螨等外寄生虫可经褥草、笼舍、饲养用具等间接接触而传播。⑤疥螨、痒螨、虱等外寄生虫在健康动物同患病动物直接接触时传播。

寄生虫虫卵或卵囊、幼虫在一定环境或中间宿主体内发育为感染性虫卵或卵囊、幼虫时，必须通过一定的途径进入羊体，常见的感染途径如下：

1. 经口感染

消化道线虫、大型肺线虫、球虫等土源性寄生虫的虫卵或卵囊、幼虫随羊粪便排出体外后，在外界发育为感染性虫卵或卵囊、幼虫，羊因吞食了被感染性虫卵或卵囊、幼虫污染的饲料、饲草等将寄生虫吃入体内而受到感染。

吸虫、绦虫等生物源性寄生虫的虫卵随羊粪便排出体外后，被中间宿主(淡水螺、蚂蚁、地螨等)吞食，虫卵在中间宿主体内发育为感染性幼虫(尾蚴、囊蚴、似囊尾蚴)，羊在吃饲料、饲草或饮水时，误将含有虫体的中间宿主食入体内而受到感染。

羊不是某些寄生虫的终末宿主，如细粒棘球蚴、脑多头蚴、细颈囊尾蚴的成虫寄生于犬、猫等肉食动物的小肠内，排出的虫卵被羊食入后，在羊体内发育为中绦期幼虫。

大多数寄生虫都是经口感染宿主。

2.经皮肤感染

①幼虫直接钻入皮肤。如羊仰口线虫的幼虫、日本血吸虫的尾蚴可通过皮肤钻入羊体内。

②被其他寄生虫带入体内,如泰勒虫、巴贝斯虫等原虫。羊感染这些原虫病后,血液中存在大量原虫,蜱吸血时,将虫体吸入体内,当带有这些原虫的蜱再叮咬健康羊时,就会将原虫带入羊体内。

3.经接触感染

接触感染主要发生于硬蜱、软蜱、毛虱、血虱、疥螨、痒螨、蠕形蚤等外寄生虫。它们的传播方式有两种:一是外界环境中存在外寄生虫,当健康羊间接接触到有外寄生虫的草地、圈舍、饲养用具等,外寄生虫就会直接爬到羊体上。二是个别羊或少数羊发生外寄生虫病后,可通过直接接触传染给同群其他健康的羊。

4.经胎盘感染

某些吸虫的幼虫或原虫随怀孕母羊的血液通过胎盘进入胎儿体内,使胎儿被先天性感染。如日本血吸虫、弓形虫等。

(三)易感动物

无论是山羊、绵羊,公羊、母羊,成年羊、羔羊,只要处于寄生虫污染区,寄生虫就会通过各种途径进入羊体内外,从而引发羊寄生虫病。

不同的羊寄生虫病,其病原不同,传播途径相同或不同,因此要控制和消灭羊寄生虫病,必须对病原的形态学特点有所了解,知道其生活史,才能采取科学有效的方法控制和消灭羊寄生虫病。

二、影响羊寄生虫病流行的因素

一种羊寄生虫病的发生和流行,除了必须具备3个基本环节之外,还受其他很多因素的影响,主要包括:

(一)宿主

本书的宿主主要是羊,但寄生于羊的寄生虫多数不是只寄生于羊,还可寄生于黄牛、水牛、奶牛、猪等。羊的种类、品种、年龄、营养状况、免疫状态等都直接影响到寄生虫的侵入、生长、发育、繁殖和存活,进而影响寄生虫病的流行。不同种类羊对寄生虫病的易感性有差异,如对细粒棘球蚴病,绵羊的易感性高于山羊的易感性。不同年龄羊对寄生虫的易感性有差异,如球虫病,一般只见到羔羊因球虫病引起腹泻、排血便甚至死亡,但很难见到成年羊因球虫寄生发病。不同体质羊对寄生虫病的抵抗力不同,一般体质强的羊对寄生虫病的抵抗力强,体质弱的羊对寄生虫病的抵抗力差。

(二)病原

羊寄生虫病的病原很多,包括吸虫、绦虫、线虫、原虫、外寄生虫(节肢动物类)等五大类。不同虫种的寄生虫,在羊体内的存活时间不同。如肝片形吸虫可以在羊体内存活几年或更长时间。莫尼茨绦虫在羊体内一般存活2～6个月。

(三)自然条件

1.生物因素

有些寄生虫在其发育过程中需要中间宿主或传播媒介的存在,这些动物的存在、数量及活动情况都对这些寄生虫病的发生及流行情况起着决定性的作用。如日本血吸虫的中间宿主钉螺只分布于我国的南方,因此我国北方地区没有日本血吸虫病的流行。保虫宿主对寄生虫病的流行也是不可忽视的因素,如羊和牛与多种野生反刍动物有共同的寄生虫,彼此能相互感染,因此,一个地区的野生反刍动物的区系必然影响羊寄生虫病的流行。

植被也同样影响寄生虫病的流行,如蜱的分布常和植被的状况密切相关,硬蜱属多散布于潮湿的森林地带,血蜱属多在平原、山麓、草原,革蜱属常在半沙漠地带。蜱的分布不同又造成了巴贝斯虫病、泰勒虫病在流行地区上的差异。

2.外界环境因素

外界环境是指纬度、海拔、河流、湖泊、沼泽、土壤等地理环境和温度、湿度、光照、雨量等气候条件。

地理、气候条件的不同必将导致植被和动物区系的不同,动物区系的不同就意味着宿主、中间宿主和传播媒介的不同,这些因素都影响着寄生虫病的流行。同时,纬度、海拔等地理条件还对温度、湿度、光照等气候条件产生重要影响,进而影响寄生虫病的分布与流行。

(1)温度

温度是最重要的影响因素。寄生虫的虫卵、幼虫、卵囊以及作为中间宿主和媒介的无脊椎动物的生长、发育和繁殖都需要一定的温度,它们在低温和过高的温度下都会停止发育,甚至死亡。如羊仰口线虫在15℃以下或35℃以上均不能发育;第一期幼虫在0℃时存活8d,在10℃时存活20d,在30℃时存活9d,在45℃时存活40min;水中的第三期幼虫在0℃时存活40d,在10~15℃存活100d。

温度也影响幼虫在中间宿主体内的发育,如莫尼茨绦虫六钩蚴在中间宿主地螨体内发育为感染性似囊尾蚴所需的时间主要取决于外界的温度,在16℃时需107~206d,26℃时为51~52d,27~35℃(平均30℃)时需26~30d。

温度也影响幼虫的孵出。如肝片形吸虫的毛蚴在4~5℃时停止从卵内孵出,在12~30℃时都能孵出;尾蚴在9℃时不能从中间宿主椎实螺体内逸出,在27~29℃时大量逸出,在33℃时又停止逸出。

(2)湿度

湿度也是重要的影响因素之一。寄生虫的虫卵或卵囊、幼虫以及中间宿主螺类等的生长、发育一般要求高湿度,干燥对它们极其不利,容易造成其死亡。如捻转血矛线虫在25℃条件下,相对湿度为90%、85%、80%和75%时,羊粪中的虫卵能发育成感染性幼虫的比率分别为71.1%、8.1%、3.9%和0。莫尼茨绦虫虫卵在水中和潮湿的小室内放置10~15d,死亡率为30%~40%;干燥6h,死亡率为30%~50%;干燥18h,死亡率为99.4%。

(3)光照

光照对寄生虫虫卵、幼虫的存活和幼虫的活动有重要的影响。阴湿的环境有利于它们的生存和发育,阳光的直接照射极易造成它们的死亡。另外,光照常同干燥、高温相联系而共同作用。如肝片形吸虫的含毛蚴的虫卵,在黑暗条件下孵不出毛蚴,将其移入有光线的环境中,很快孵出毛蚴;置于空气中的囊蚴,在阳光直射下经2~3h即失去感染能力。一些线虫的感染性幼虫具有对弱光的趋向性和对强烈日光的避光性。在微弱光线和适当的湿度条件下,大量幼虫爬上草叶而有利于被羊吞食;而在强光及草叶上水分过多或干燥时,它们则潜藏于土壤中。黑暗能抑制日本血吸虫毛蚴的孵化,全黑暗时尾蚴则不能从钉螺体内逸出,随光照度的增加,尾蚴的逸出数也增多。

（4）雨量

雨量对寄生虫的流行产生一定的影响。如在多雨季节或年份,由于虫卵已被冲入水中,同时雨水多,螺类容易繁殖、囊蚴散布广,故羊肝片形吸虫病最流行;而在干旱季节或年份,由于椎实螺减少,羊肝片形吸虫病的感染率也随之下降。洪水可引起日本血吸虫病的广泛流行。

（5）土壤

土壤的理化特性也影响寄生虫在外界环境中的生长、发育和存活。一般疏松的砂质土壤比致密不易透水的黏土更适合寄生虫生活,有腐殖质的浅表层土壤比深层土壤更适合寄生虫生活。如地螨喜居于有腐殖质的疏松土壤中,在这些地方活动的羊就易感染莫尼茨绦虫。

（四）社会因素

社会制度、经济状况、生活方式、卫生条件、风俗习惯、肉品卫生检验制度的实施情况、动物饲养管理条件、动物的保健与调运等社会因素都对寄生虫病的流行产生影响。与自然条件相比,社会因素的影响往往更为重要。如在水边放牧的羊容易感染肝片形吸虫,拥挤、阴暗、潮湿的圈舍易引起羊螨病的流行。

三、羊寄生虫病的流行特点

（一）地方性

某种疾病在某一地区经常发生,无须自外地输入,这种情况称为地方性。寄生虫病的流行常有明显的地方性,这是由各地的宿主、中间宿主、传播媒介和气候条件不同而造成的。

不同地区的地理、气候条件不同,造成了植被类型和动物区系的不同,动物区系的不同就意味着寄生虫的终末宿主、中间宿主和传播媒介的分布不同,这些动物的不同使得相应的寄生虫病具有地方性流行的特点。如日本血吸虫病在我国长江以南的湖南、湖北、江西等省局部区域流行,而北方的内蒙古、宁夏、山西等没有日本血吸虫病流行。

当然,寄生虫的地理分布也并非一成不变,畜禽及野生动物的跨境运输、人类的旅游和迁移等都可以把一些寄生虫带往新的地区。

（二）季节性

寄生虫病的流行往往具有明显的季节性。由于温度、湿度、光照、雨量等气候条件以及作为中间宿主和媒介的软体动物、节肢动物等的种群数量、出没等都随季节的更迭而变化,因此许多寄生虫病的流行具有季节性的特点。如莫尼茨绦虫病的流行同中间宿主地螨的出现时间一致,我国福建2—3月开始出现莫尼茨绦虫病,4—5月达高峰,8月后直到次年1—2月渐终止。

(三)散发性

寄生虫病大多呈散发性流行,而且常呈慢性经过,病程长。大多不像传染病那样发病猛烈,短时间内引起大群发病,传播地区广,并引起急性病程等。

(四)自然疫源性

有些寄生虫病的流行具有自然疫源性的特点。有些寄生虫病的流行一定要有相应的条件,包括寄生虫虫体的存在、中间宿主、传播媒介等。如梨形虫病流行,一定有其虫体和传播媒介硬蜱等。

第二章 羊寄生虫病诊断与检查技术

寄生虫病的诊断不仅是治疗患病动物的依据,还是掌握当地各种寄生虫病流行情况以及进行药物驱虫试验时的必需手段。对可疑动物的诊断,应根据流行病学资料、临床症状、尸体剖检报告等做出初步诊断,最后依据病原学检查技术检查出寄生虫的虫卵或卵囊、包囊、幼虫、虫体等确诊。在查找病原有困难时,尚可采用动物接种和驱虫性诊断等方法进行诊断。免疫学诊断法和分子生物学技术在寄生虫病诊断方面的应用发展很快,可用来进行辅助诊断和流行病学调查。

每种寄生虫病在羊群中的流行,必须具备流行的 3 个基本环节以及有利于流行的自然条件和社会因素。因此,在诊断寄生虫病时,首先应详细调查、了解这些相关的资料,再加以综合分析,从流行病学角度做出初步判断,从而为进一步的诊断指明方向,有利于采取更准确的诊断方法。

第一节 流行病学调查

调查的具体内容包括:

一、基本情况调查

羊寄生虫病的发生与外界环境有着密切的联系,因此,一方面主要了解羊所处地区的地形地势、降雨量及季节分布、河流与水源、土壤植被特性、野生动物种群、中间宿主、传播媒介及其分布等。另一方面,要调查被检羊群概况、生产性能情况、饲养管理情况等。主要包括被检羊的数量、品种、性别、年龄、饲养方式、饲料来源及质量、水源及卫生状况、圈舍卫生等。

二、被检羊发病情况调查

首先要对发病的养殖场和羊种群进行详尽的病史调查,了解该场历次发生过哪些疾病,再详细询问发病当时以及近 2～3 年来羊的营养状况、发病时间、发病死亡的时间、发病率、死亡率、临床症状、剖检结果、已采取的措施及效果、平时防制措施等。

三、社会因素

若怀疑为人兽共患病,应了解当地居民的发病情况与诊断结果,居民的饮食及卫生习惯等。

因此，通过流行病学调查，对所获资料进行去伪存真，抓住要点，加以全面、综合分析，从而作出初步诊断，即此次发病可能是哪种寄生虫病，从而排除其他疾病，缩小范围，有利于继续采取更准确的诊断方法。

第二节　临床检查技术

一、体内寄生虫病临床检查

体内寄生虫病主要是指吸虫病、绦虫病、线虫病等蠕虫病和原虫病。由于不同的体内寄生虫病可能出现相应的临床症状，可根据这些临床症状对寄生虫病做出初步诊断。

(一)精神、体态、被毛等观察

首先观察羊的精神、食欲、被毛、眼结膜等状况。健康羊膘满肉肥，体格强壮，被毛有光泽、整洁，皮肤富有弹性，可视黏膜呈淡红色，眼睛明亮有神，听觉灵敏，胆小又灵活。无论采食或休息，常聚集在一起，休息时多呈半侧卧姿势，人一接近即行起立。采食时争先恐后，抢着吃头排草。患寄生虫病较严重的羊的临床症状表现为消瘦，被毛粗乱、无光泽、易断，眼结膜苍白，营养不良，食欲不振或增加。如感染血矛线虫病或仰口线虫病的羊，表现为贫血、体况虚弱、眼结膜苍白等；患巴贝斯虫病的羊则表现为消瘦、贫血，眼结膜充血，后期转为苍白、黄染。

(二)粪便、尿液及分泌物检查

1.粪便

粪便的颜色、性状和气味是寄生虫病的诊断依据之一。健康羊的粪便呈椭圆形粒状，成堆或呈现链条状排出，粪球表面光滑、较硬，补喂精饲料的良种羊的粪便呈较软的团块状，无异味。当羊感染寄生虫病不严重时，粪便一般不发生变化；但当感染严重时，多数寄生虫病可能造成羊腹泻或粪便干燥，甚至粪便中带血。如片形吸虫病、日本血吸虫病、血矛线虫病、球虫病、隐孢子虫病等均可引起羊腹泻，甚至排血便；感染前后盘吸虫病严重的羊会持续性排带恶臭的稀便；弓形虫病可引起患病羊初期便秘，后期腹泻；患泰勒虫病的羊排少量干而黑的粪便，粪便中带有黏液，有时带血。

2.尿液

羊排尿的量、频率、颜色等是寄生虫病的诊断依据之一。健康羊的尿液清亮、无色或微带黄色，并且排尿有规律。患泰勒虫病的羊的尿液呈浓茶色；患巴贝斯虫病的羊表现为小便频繁、排血尿，尿呈红色。

3.鼻液

健康羊没有鼻液，但鼻端湿润、光滑，常有微细的水珠。因此鼻液状态和颜色也可作为寄生虫病的诊断依据之一。患网尾线虫病严重的羊表现为流淡黄色、黏液性鼻涕，鼻液检查可见其虫卵或幼虫。

4.眼泪

羊的眼泪和眼分泌物可作为某些寄生虫病的诊断依据之一。如患吸吮线虫病的羊表现为眼潮红，流泪，角膜混浊，眼内有脓性分泌物流出，在分泌物中可见到虫体。

(三)体温检查

体温是羊健康的晴雨表，羊的体温可用体温计在肛门测定。测量体温前，将体温计内的水银甩到 35℃ 以下，然后用消毒酒精棉球将体温计消毒后，将体温计的水银柱端插入羊的肛门，5min 后取出体温计读其温度。剧烈运动或经暴晒的羊，须休息 30min 后再测温。羊的正常体温为 38～39.5℃，羔羊高出约 0.5℃。一般蠕虫病不会引起羊体温升高，个别蠕虫病严重病例的体温升高可能是虫体引起羊的炎症而导致的。患巴贝斯虫病、弓形虫病的羊的体温升高，达 40℃ 以上。

(四)心跳检查

心跳速度可能是一些寄生虫病的临床指标，如感染巴贝斯虫病、泰勒虫病的羊早期表现为心跳和脉搏加快。

(五)呼吸检查

呼吸检查主要检查羊的呼吸方式、频率、是否有咳嗽等症状。待羊只安静后，将耳朵贴在羊胸部肺区，可清晰地听到肺脏的呼吸音。健康羊每分钟呼吸 12～20 次，一般都是胸腹式呼吸，胸壁和腹壁的运动都比较明显，呈节律性运动，吸气后紧接呼气，能听到间隔匀称、带"嘶嘶"声的肺呼吸音。这些生理指标可作为一些寄生虫病的诊断依据。如患网尾线虫病的羊表现为气喘、咳嗽、呼吸困难，呼吸次数增加，咳嗽次数逐渐增加，先为干咳，后转为湿咳。

(六)观察反刍

健康羊的反刍轻快有力，时间和次数都有规律。一般羊在采食 30～50min 后，经过休息便可进行第一次反刍，每次反刍要持续 30～60min，24h 内要反刍 4～8 次。但在发生疾病时，反刍次数减少、反刍速度缓慢，甚至停止反刍。

(七)观察瘤胃蠕动

瘤胃蠕动声音和频率反映羊瘤胃功能，瘤胃蠕动声音和频率的变化可作为一些寄生虫病的诊断依据。如感染严重肝片形吸虫病的羊，可出现周期性瘤胃臌胀、前胃弛缓等症状。

(八)局部异常

重点检查局部是否有肿大、色泽异常、病理性变化等。感染严重的片形吸虫病、消化道线虫病等的羊可能表现出下颌、胸下水肿等临床症状。

(九)淋巴结异常

局部淋巴结形态异常也可能是某些寄生虫病的症状。如患泰勒虫病的羊表现为浅表淋巴结肿大，呈鸡蛋样大小，触诊有疼痛感。

二、体外寄生虫病临床检查

体外寄生虫一般寄生于羊的体表或皮肤浅层，可直接观察寄生虫虫体和寄生部位的异常变化及相应的临床症状。

（一）临床症状检查

由于外寄生虫，如疥螨、痒螨、硬蜱、软蜱、毛虱、血虱等叮咬，羊表现为局部发痒，在圈舍柱上擦痒、回头用舌舔发痒部位等。

（二）病变检查

疥螨、痒螨寄生于羊的皮肤表皮层或体表，引起头部、颈部等寄生部位皮肤发红、破损，患部掉毛，皮肤增厚，失去弹性而形成皱褶。

（三）虫体检查

寄生于羊体表的蜱、吸血虱、毛虱等可直接肉眼观察到虫体。

羊出现的临床症状与寄生虫在羊体内、外的寄生部位密切相关。多数寄生虫病只引起患病羊出现贫血、消瘦、腹泻、水肿、羔羊生长发育受阻等症状，而没有特异性症状。如虫体寄生在消化系统（胃、肠、肝、胰）中，羊出现消化不良、肠炎、腹泻、便血、消瘦、贫血等症状，可能感染的寄生虫有吸虫、绦虫、线虫、球虫等。虫体寄生在神经系统（脑、脊髓）中，羊出现精神沉郁、转圈运动、倒地划泳、瘫痪等症状，可能感染的寄生虫为脑多头蚴、羊鼻蝇蛆。虫体寄生在呼吸系统（鼻腔、气管、肺）中，羊出现呼吸困难、咳嗽、体温升高等症状，可能感染的寄生虫有大型肺线虫、小型肺线虫。虫体寄生在血液中，羊出现体温升高、黄疸、贫血、精神沉郁、厌食等，可能感染的寄生虫有泰勒虫、巴贝斯虫、血吸虫、东毕吸虫等。虫体寄生在眼内，羊出现畏光、流泪、失明等症状，可能感染的寄生虫有吸吮线虫。虫体寄生在肌肉内，多数无明显症状，可能感染的寄生虫有羊囊尾蚴、羊住肉孢子虫等。对这类寄生虫病，虽然根据症状不能作出诊断，但可根据症状确定大概范围，为下一步采用其他诊断方法提供依据。

有少数寄生虫病具有典型的临床症状。如疥螨病引起患病羊发生剧痒、消瘦、患部皮肤脱毛、结痂；患脑多头蚴病的羊出现转圈等神经症状。对于这些有特征性症状的寄生虫病，在流行地区通过对患病动物的临床检查，可以作出初步诊断。

第三节　病理解剖变化检查技术

病理解剖变化检查技术是运用病理学知识，检查死亡动物的病理变化，做出动物的死后病理学诊断，为查出动物死亡的原因，研究疾病发生、发展的规律提供依据的技术，是兽医诊断的重要手段之一。

羊感染寄生虫病较轻微时，一般不会见到病理变化；但当羊感染寄生虫病严重时，尤其是发病或有临床症状、死亡的羊，解剖时可见相应的病理变化。

一、皮下和体腔等的检查

1. 皮下检查

剥皮后，观察皮下有无出血、黄染、虫体等。由于寄生虫消耗营养等因素，剖检可见皮下有浆液性浸润、胶样浸润、出血斑等病理变化。如羊感染蠕虫病严重时，一般表现为颌下水肿，剖检可见水肿部位皮下有浆液性浸润等；患泰勒虫病的羊可见其胸、腹部皮下有出血斑、黄色胶样浸润。

2.胸腔检查

寄生虫病引起的羊的胸腔病理变化主要有胸腔积液、胸壁上有出血点等。如患泰勒虫病的羊,可见其胸腔有大量淡黄红色液体,胸壁上有出血点;患网胃线虫病的羊可见胸腔积液等。

3.腹腔检查

寄生虫病引起的羊的腹腔病理变化主要有腹腔积液、腹壁上有出血点、网膜变化等。如患巴贝斯虫病的羊,可见其大网膜呈黄色、有出血点,有大量黄色腹水;患急性羊肝片形吸虫病的羊,可见其腹腔中充满血性腹水及大量纤维素性渗出物。

二、循环系统检查

1.心脏检查

注意观察心脏的形状、大小、心包膜的紧张度。从心尖部切开心包膜,观察心包腔内的液体含量。然后扩大切口,剥出心脏,观察心外膜的光泽及有无出血和附着物,观察心肌硬度和颜色。

每切开一侧心房时,检查内容物的数量和性状,心内膜和心肌的性状,特别应注意心脏瓣膜和各血管内膜的形状、厚薄、色泽、表面光滑程度和有无血栓、溃疡、增生等病变。如患羊泰勒虫病,可见病羊的心包内有积水,心内外膜上有出血斑点。

2.血管检查

特别要检查肠系膜静脉和动脉有无虫体(血吸虫)寄生。

3.血液检查

寄生虫病引起的羊血液的眼观病理变化主要是血液颜色改变、呈水样、凝固不全等。如羊感染巴贝斯虫病严重时,可见其血液色淡、稀薄如水、凝固不全等。

三、呼吸系统检查

1.肺脏检查

检查肺脏之前,应先检查纵隔淋巴结和支气管淋巴结。注意观察肺的颜色,有无充血、出血、肥厚、粘连、瘢痕和结节。触摸肺脏,如有异常变化,应切开检查。检查肺实质时,应将肺平放在解剖台上,作纵切或横切观察,用手按压切面,注意流出物。也可沿气管和支气管剪开检查肺实质。寄生虫病引起的病理变化主要是羊肺脏肿大等局部病变,许多线虫的幼虫在羊体内移行时引起机械性损伤,可见肺组织表面上有出血点、肺淤血等。患肺线虫病的羊,可见其支气管内壁有炎性变化,剖检可见虫体阻塞支气管、细支气管和肺泡,引起肺膨胀不全。

2.支气管检查

由于寄生虫的寄生和其毒素作用,可见羊的支气管有出血点等病理变化。从喉头沿气管、支气管剪开,检查有无出血、虫体。如剖检患肺线虫病的羊时,可见其支气管内壁有炎性变化,虫体阻塞支气管。

四、消化系统检查

剖开腹腔后首先检查脏器表面有无寄生虫,然后对各个脏器进行详细检查。在结扎食道末端和直肠后,先切断食道、胃肠上相连的肝脏、胰脏、肠系膜、直肠末端,取出消化系统,再将食道、胃、小肠、大肠、盲肠分段做二重结扎后分离。

1.食道检查

先检查食道的浆膜面,观察食道肌肉内有无虫体,必要时可取肌肉压片做镜检。再剪开食道,仔细检查食道黏膜面有无寄生虫。用小刀刮取黏膜表层,将刮取物压在两块载玻片之间检查。应注意黏膜面有无筒线虫、浆膜面有无住肉孢子虫。

2.胃检查

检查胃时,先将瘤胃、网胃、瓣胃、皱胃间的结缔组织分开,使皱胃小弯朝上,将瘤胃、网胃、瓣胃排成一条直线。沿皱胃小弯剖开,至皱胃与瓣胃孔时,检查孔道是否通畅,再沿瓣胃外弯剪开,通过瓣胃、网胃孔,沿网胃外弯切开;从食道末端切口,沿瘤胃上缘(背侧)转到下缘切开。观察胃的形状、容量、浆膜形态和胃壁硬度,注意胃内容物的性状、数量、气味及异物等,然后检查胃黏膜的颜色及是否光滑,有无增厚、充血、红肿、出血、溃疡、瘢痕等。检查瘤胃时注意观察胃黏膜有无虫体,然后注意观察与胃壁贴近的胃内容物中有无虫体,发现虫体要全部采集,胃内容物不必冲洗。瓣胃和网胃的检查方法同瘤胃,但对瓣胃延伸到皱胃的相连处要仔细检查,必要时可以把部分切下,与皱胃一起检查。将其中的内容物倒在干净的盆内,观察有无虫体。然后用1%盐水将胃壁洗净,用1%盐水多次洗涤、沉淀,等液体清澈透明后,分批取少量沉渣在白色方盘中仔细观察并检出所有虫体。如被前后盘吸虫寄生时,可引起固着部位黏膜发炎等;被捻转血矛线虫吸血,会引起皱胃黏膜损伤,可见皱胃黏膜出现充血、水肿等病理变化。为了检查沉渣中小而纤细的虫体,可在沉渣中滴加浓碘液,使沉渣和虫体均染成棕黄色,再用5%硫代硫酸钠溶液脱色,因虫体不脱色而其他物质脱色,所以易于辨认。瘤胃常有前后盘吸虫。皱胃常见的寄生虫有捻转血矛线虫、奥斯特线虫、马歇尔线虫等毛圆科线虫。

3.小肠检查

把小肠分为十二指肠、空肠、回肠3段分别检查。先将每段肠的内容物倒入盆内,仔细检查内容物的性状、颜色、气味等,倾出内容物,再检查黏膜的颜色、肿胀程度、厚薄及有无充血、出血、溃疡、虫体等。用1%盐水洗涤肠黏膜面,仔细检出残留在上面的虫体,洗下物和沉淀物分别用反复沉淀法处理后,检查沉淀物中的所有虫体。如被寄生于小肠的仰口线虫吸血后,可见小肠黏膜出现发炎、出血等症状;日本血吸虫虫卵沉积在肠壁上,再加上虫体的毒素作用,肠壁上会形成溃疡等。

4.大肠检查

把大肠分为盲肠、结肠和直肠3段分别检查。在分段以前先对肠系膜淋巴结进行检查。在肠系膜附着部的对侧沿纵轴剪开肠壁,仔细检查内容物的性状、颜色、气味等,倾出内容物,然后再检查黏膜的颜色、肿胀程度、厚薄及有无充血、出血、溃疡、虫体等。以反复沉淀法检查沉淀物内的寄生虫,对叮咬在肠黏膜上的寄生虫可直接采取,然后用1%盐水将肠壁洗净,仍用反复沉淀法检查洗下物中的所有虫体,对已洗净的肠黏膜面再做一次仔细检查,最后取肠黏膜压片检查。如食道口线虫的幼虫钻入大肠黏膜内,剖检可见大肠黏膜上有结节、黏膜发炎等病变;毛首线虫的头部钻入肠黏膜,会引起盲肠、结肠慢性卡他性肠炎、出血性肠炎等。

5. 肝脏检查

首先观察肝脏的大小、外形、边缘、颜色或斑点、有无结节等。横切开肝叶,观察肝小叶的形态和流出血量、性状等,必要时可作数个纵切或横切检查。然后沿胆管剪开肝脏,检查有无寄生虫。

检查胆囊充盈程度、胆汁性状(颜色、透明度、黏稠度)和黏膜形态。检查黏膜上有无虫体附着时,可用水冲洗黏膜,把冲洗后的水静置,详细检查沉淀物。

如患片形吸虫病的羊早期可见肝脏肿大,后期肝脏萎缩、硬化,可见肝包膜上有纤维素沉积、出血点,在肝表面上有数毫米长的暗红色虫道,切开肝脏时可见胆管壁变厚,有的胆管呈绳索样突出于肝脏表面,胆管内壁上有盐类沉积;患日本血吸虫病的羊,在肝脏表面和切面上可见粟粒到高粱米大小的灰白色或灰黄色的小点,感染初期肝脏肿大,后期肝脏萎缩、硬化;患泰勒虫病的羊,胆囊肿大 2~3 倍,胆汁呈褐绿色、稀稠不定。

6. 胰脏检查

用剪刀沿胰管将胰脏剪开,检查有无阔盘吸虫寄生。

五、泌尿系统检查

1. 肾脏检查

观察肾周围的脂肪状态,从脂肪囊中剥离出肾脏,注意肾脏的外形、大小、软硬度;然后用左手大拇指和食指固定肾脏(肾门握于手中),用刀沿肾凸面轻轻切开包膜,剥离肾包膜到肾门,在剥离时观察包膜和肾脏表面的颜色及有无粘连、凹凸不平等。

沿包膜原切线切至肾盂外壁,将肾脏剖开分为两半,观察皮质和髓质的界限、颜色、斑点等,最后检查肾盂内有无附着物、出血点等。

如患泰勒虫病的羊可见其肾脏外膜易剥离,有针尖至粟粒大小的出血点,肾盂水肿,有胶样浸润。

2. 膀胱检查

先观察积尿量多少,再剪开膀胱壁,注意尿的性质(透明或浑浊,有无脓、血)、黏膜的颜色及有无充血、出血、溃疡、瘢痕、附着物(脓液、假膜、盐类)等。如患日本血吸虫病的羊的膀胱黏膜上有小息肉状生长物、溃疡、虫卵沉着斑等。

六、生殖系统检查

对于公羊,观察其睾丸的外形、大小、硬度,把睾丸切成两半,检查睾丸和附睾的切面颜色及有无出血、化脓、干酪样变、瘢痕等。

对于母羊,观察其阴道、子宫体、子宫角内容物的性状、黏膜形态(颜色,硬度,湿润或干燥,有无溃疡、瘢痕等)。检查输卵管的粗细,卵巢的形状、大小、硬度、颜色,作纵切后,观察切面颜色、黄体、有无囊肿或纤维性硬化灶。剖检妊娠子宫时,应注意胎儿形态、羊水、胎膜、胎盘、脐带等,必要时可剖检胎儿。如患新孢子虫病的羊可见其胎盘绒毛层的绒毛坏死,并有虫体病灶。

七、头部各器官的检查

将头部从枕骨后方切下,首先检查头部各个部位和感觉器官。然后沿鼻中隔左或右约 0.3cm 处的矢状面纵行锯开头骨,撬开鼻中隔,进行检查。

1.鼻腔、鼻窦检查

检查鼻腔、鼻窦,观察有无羊鼻蝇蛆寄生,取出虫体,然后在水中冲洗,沉淀后检查沉淀物。

2.脑部和脊髓检查

打开颅盖,观察硬脑膜有无充血、出血,颅内有无积水等。切开硬脑膜,使大脑、小脑露出,观察软脑膜,然后将大脑、小脑、延脑及脊髓一并取出。检查脑实质时,将大脑纵切或横切,观察大脑内灰白质和脑室等的状态。先用肉眼检查有无脑多头蚴、羊鼻蝇蛆寄生,再切成薄片压薄镜检,检查有无微丝蚴寄生。

3.眼部检查

先肉眼检查有无寄生虫,然后将眼睑结膜和球结膜在水中刮取表层,水洗沉淀后检查沉淀物中有无寄生虫,最后剖开眼球将眼房水收集在平皿内,在放大镜下观察有无丝虫幼虫、吸吮线虫等。

4.口腔检查

检查唇、颊、舌肌、咽头有无囊尾蚴、蝇蛆类寄生虫。

八、免疫系统检查

1.脾脏检查

观察脾脏的形态、质地(坚硬、柔软、脆弱)、大小、边缘锐利或钝圆(肿胀时边缘变钝圆)。检查脾实质时,可将脾脏由基部至顶部做一个或数个切口,观察切面处的脾髓、滤泡和脾小梁的形态。寄生虫病引起羊的脾脏病理变化主要表现为体积、色泽、质地等变化并伴有出血点等。如患日本血吸虫病的羊可见其脾脏体积增大或缩小,部分病例的脾被膜增厚,质地变硬。患巴贝斯虫病的羊的脾脏肿大 2~3 倍,脾脏软化、脾髓呈暗红色,在切面可见小梁突出呈颗粒状,被膜上有出血点。

2.淋巴结检查

寄生虫病可引起羊全身或局部淋巴结的病理变化,可见淋巴结肿大、充血、出血、质地发生改变等病理变化。如患日本血吸虫病的羊可见其病变器官的淋巴结如肠系膜淋巴结呈髓样肿胀,有虫卵沉着的淋巴结的切面上可见褐黄色的虫卵沉着斑,质地变硬;患泰勒虫病的羊可见其颈浅淋巴结和其他体表淋巴结明显肿大,外观呈紫红色;患弓形虫病的羊可见全身性淋巴结肿大,并有充血、出血点等。

九、膈肌及其他部位肌肉检查

切取小块肌肉,仔细眼观检查,然后压片镜检。取咬肌、腰肌及臀肌检查有无囊尾蚴,取膈肌检查有无旋毛虫、住肉孢子虫。

第四节 寄生虫病原学检查技术及虫种鉴定

由于多数寄生虫病的临床症状缺乏特异性,仅仅依据临床症状和剖检变化很难做出诊断。病原学检查,其目的是检查存在于病料中或宿主体内外各种寄生虫的虫卵或卵囊、包囊、幼虫、成虫等各发育阶段的虫体,是诊断寄生虫病最可靠的方法。

一、粪便检查

通过检查动物粪便中有无吸虫、绦虫、线虫等蠕虫的虫卵、幼虫、虫体及节片,有无原虫的卵囊、滋养体、包囊等,从而达到诊断的目的。这是诊断寄生虫病常用的病原学检查技术。可用来检测寄生于消化道、肝脏、胰脏、肺脏、气管、支气管和肠系膜静脉中的寄生虫。检查时,粪便要新鲜,同时要注意防止粪样之间的相互污染。

(一)蠕虫虫卵检查

1.直接涂片法

如图 2-1 所示,在洁净的载玻片上滴 1～2 滴 50％甘油水或自来水,用眼科镊或竹签挑取少量新鲜粪便置其中,与载玻片上的甘油水混匀,并去掉较大或过多的粪渣。将已混匀的粪液涂成薄膜,薄膜的厚度应以能隐约透视纸上的字迹为宜,然后在粪膜上覆以盖玻片,置于低倍显微镜下检查,如发现虫卵,再换高倍镜仔细观察。

直接涂片法的优点是简便易行、快速,适合于含卵量大或虫体寄生数目较多的粪便检查;缺点是对虫卵含量低的粪便检出率低。因此,在实际工作中,需多检几片,以提高检出率。

图 2-1 直接涂片法示意图

2.沉淀检查法

该法的原理是利用虫卵密度比水大的特点,让虫卵在重力的作用下,自然沉于容器底部,然后进行检查。

①自然沉淀法,又称反复沉淀法、循序沉淀法。取 5～10g 待检新鲜粪便置于烧杯或塑料杯内,加少量清水并将粪便全部捣碎,搅拌均匀,再加入 10～20 倍量的清水,充分搅拌成混悬液,经 40 目或 60 目铜筛或双层纱布过滤于另一干净的烧杯或塑料杯内,再加清水至距离杯口 2cm 处,静置 15～20min。待粪渣沉到杯底后倾去上层液,留下沉淀物再加满清水静置 10～15min,如此反复进行 2～3 次,直至液体变清亮为止。最后倾去上清液,吸取沉渣涂于载玻片上,镜检。

②离心沉淀法：称取 5g 左右被检粪便，置于烧杯或塑料杯内，约加 5 倍量的清水，将粪便全部捣碎并充分搅拌成混悬液，用 40 目或 60 目铜筛或双层纱布将其过滤至另一干净烧杯或塑料杯内。将滤液倒入离心管中，置于离心机内，以 1500r/min 的转速离心3min。最后倾去管内上层液体，留约为沉淀物 1/2 的溶液量，用胶头滴管混匀后，取适量粪汁（2 滴左右）置于载玻片上，加盖玻片，镜检。

沉淀法对各种蠕虫卵及幼虫均可检查，特别适用于检查密度大的虫卵（如吸虫卵等）。

3. 漂浮检查法

该法的原理是应用密度高于虫卵的漂浮液，使粪便中密度小的寄生虫卵、卵囊等漂浮于液体表面，然后进行检查。漂浮法对大多数较小寄生虫卵，如某些线虫卵、绦虫卵、球虫卵囊等有很好的检出效果，但对吸虫卵和棘头虫卵的检出效果较差。

①试管漂浮法：称取新鲜待检粪便 2～5g，置于烧杯或塑料杯内，加入 10～20 倍量的饱和食盐水，将粪便充分捣碎并搅拌均匀，用 40 目或 60 目铜筛或双层纱布将搅拌均匀的混悬液过滤到另一干净的烧杯或塑料杯中，再将滤液倒入直立的平口试管中，直到液面接近管口为止，然后用胶头滴管补加粪液或饱和食盐水，滴至液面凸出管口为止。将盖玻片盖在管口上，并使盖玻片与液面完全接触，注意不要有气泡。静置 15～30min 后，取下盖玻片，以湿面覆于载玻片上，镜检。

②直接过滤漂浮法：称取新鲜待检粪便约 5g，置于烧杯内，加入少量饱和食盐水，将粪便充分捣碎，待粪与食盐水充分混匀后，再加入粪便的 10～12 倍量饱和食盐水，并搅拌均匀，用 40 目或 60 目铜筛或双层纱布将搅拌均匀的混悬液过滤。滤液静置 30min 左右，则虫卵上浮。用直径 5～10mm 的铁丝圈与液面平行接触以蘸取表面液膜，抖落在载玻片上，加盖玻片，镜检。

4. 尼龙网兜淘洗法

该法操作迅速、简便，适用于体积较大虫卵（直径大于 60μm 的虫卵）的检查。需要特制的尼龙网兜，其制法是将 260 目尼龙筛绢剪成直径 30cm 的圆片，沿圆周用尼龙线将其缝在 8 号粗的铁丝弯成的带柄圆圈（直径为 10cm）上即可。其操作方法如下：

取新鲜待检粪便 5～10g 于烧杯或塑料杯内，加水调匀成糊状，先通过 40 目（或 60目）铜筛过滤到另一杯中，将粪液全部倒入 260 目尼龙筛网，然后将尼龙筛网依次浸入 2只盛水的器皿（盆或桶）内，并反复用玻璃棒轻轻搅拌网内粪渣，直至粪渣中的杂质全部洗净为止。最后用少量清水淋洗筛壁四周与玻璃棒，使粪渣集中于网底，用胶头滴管吸取兜内粪渣，滴于载玻片上，加盖玻片，镜检。

用漂浮法、沉淀法等诊断蠕虫病感染情况时，虫卵鉴定一般只能鉴定到属，但对驱虫药的选择和使用没有影响。若要对检查出的虫卵进行保存，可将虫卵放入保存液（40%甲醛溶液 10mL、95%酒精 30mL、甘油 40mL、蒸馏水 56mL）中。

（二）蠕虫幼虫检查

1. 贝尔曼法

贝尔曼法，亦称漏斗幼虫分离法，该方法需要的器具为玻璃漏斗、铜线网筛或纱布、乳胶管、试管及试管架(图 2-2)。羊感染了肺线虫病后,其粪便中就会有肺线虫幼虫。对粪便进行贝尔曼法检查,可检测出羊是否感染羊肺线虫病。肺线虫是卵胎生,肺线虫排出虫卵后,虫卵随痰液进入消化道,并孵出一期幼虫,与粪便一起排出。通过对粪便中肺线虫幼虫的检查,就可诊断羊是否感染羊肺线虫病。操作方法如下:将被检粪便置漏斗内的铜线网筛或纱布中,漏斗下连接一长 10~20cm 的乳胶管,将漏斗置漏斗架上,并将乳胶管放入试管内。然后向漏斗内慢慢加入 40℃ 左右的温水,以刚淹过粪便为宜,静置 1h 后,用胶头滴管轻轻从液面的上方向下吸出液体,弃去,使试管内剩余 0.5mL 左右液体。用胶头滴管吸取剩余液体滴在载玻片上,然后盖上盖玻片,放在显微镜下进行观察,如发现游动的虫体,即可做出诊断。

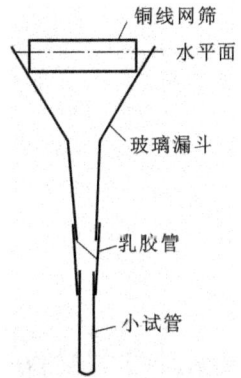

图 2-2　贝尔曼氏幼虫分离装置示意图

2.法依德法

法依德法,即平皿法。取待检的 3~10 个粪球,置于放有少量温水(40℃ 左右)的平皿内,经 10~15min 后,取出粪球,吸取皿内的液体,在显微镜下检查幼虫。

3.毛蚴孵化法

毛蚴孵化法是血吸虫病病原学检查最常用的方法。其原理是将含有血吸虫虫卵的粪便在适宜的温度条件下进行孵化,等毛蚴从虫卵内孵出来后,借着毛蚴向上、向光、向清的特性,进行观察,做出诊断。

①常规孵化法(又称沉淀孵化法或沉孵法)。取待检新鲜粪便(尽量取带有黏液或血液的部分)300g,搅拌混匀后分成 3 份,每份 100g。将分好的粪便置于 500mL 烧杯内,加水调成糊状,经 40 目铜筛滤入另一个 500mL 烧杯内,加水至九成满,静置沉淀,之后将上层液体倒掉,再加清水搅拌均匀,沉淀。如此反复 3~4 次。第一次沉淀时间约为 30min,以后 20min 即可。最后将上述反复淘洗后的沉渣加 30℃ 的温水置于三角烧瓶内,瓶口用中央插有玻璃管的胶塞塞上,杯内的水量以至杯口 2cm 处为宜,且使玻璃管中必须有一段露出的水柱(图 2-3),之后放入 22~26℃ 的恒温培养箱中孵化。

分别在开始孵化后的 1h、3h、5h 观察水柱内是否有毛蚴,观察时间 2min 以上。发现日本血吸虫毛蚴即判为阳性。日本血吸虫毛蚴眼观为白色、折光性强的梨形小虫,似针尖大小,多在距水面下方 4cm 以内的水中做水平或略斜向的直线运动,或沿管壁绕行。有时混有纤毛虫,其颜色也为白色,需加以区别。小型纤毛虫呈不规则螺旋形运动或短距离摇摆,大型纤毛虫呈波浪式或反转运动。存疑时,可用胶头滴管吸出在显微镜下观察。显微镜下可见毛蚴前部宽,中间有个顶突,两侧对称,后渐窄,周身有纤毛。样品中有 1~5 个毛蚴记为"＋",6~10 个毛蚴记为"＋＋",11~20 个毛蚴记为"＋＋＋",21 个毛蚴以上记为"＋＋＋＋"。

也可将粪便滤液倒入 260 目锦纶筛兜内,加水充分淘洗,直到滤出液变清亮为止,再将锦纶筛兜内的粪渣倒入 500mL 三角烧瓶内进行孵化。

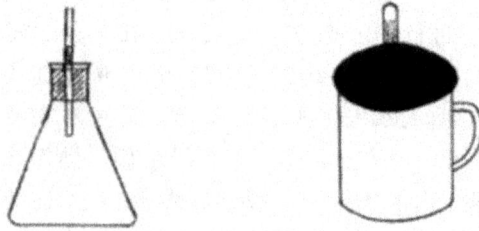

图 2-3 沉孵法装置示意图（Yang，2005）

②棉析毛蚴孵化法（简称棉析法）。取待检粪便 50g，经反复淘洗或锦纶筛兜淘洗后（不淘洗也可），将粪渣移入 500mL 的平底孵化瓶中，灌注 25℃的温水至瓶颈下部，在液面上方塞一薄层脱脂棉，大小以塞住瓶颈下部不浮动为宜，再缓慢加入 20℃清水至瓶口 1～3mm 处（图 2-4）。如棉层上面水中有粪便浮动，可将这部分水吸去再加清水，然后进行孵化。

这种方法的优点是粪便只需略微淘洗或不淘洗就可装瓶孵化，毛蚴出现后可集中在棉花上层有限的清水水域中，可和下层混浊的粪液隔开，因而便于对毛蚴进行观察。

③塑料杯顶管孵化法。以塑料杯作为容器，容器上加盖，盖上有圆孔，可插入玻璃管或倒插的试管（图 2-5）。将粪渣倒入容器，加水至满后加盖（注意防止漏水），然后由盖的圆孔处插入玻璃管或倒插入试管。插入玻璃管后由玻璃管上口加水，直至距管口下 1cm 处为止，倒插入试管时，试管要预先盛满水，倒插入容器后试管中仍保留一定高度的水柱。

图 2-4 棉析法装置示意图　　　　**图 2-5 塑料杯顶管装置示意图**

④毛蚴孵化法注意事项：

a. 粪样必须新鲜，忌用接触过农药、化肥或其他化学药物的纸、塑料布等包装粪便。

b. 用水必须清洁，未被工业污水、农药或其他化学药物污染；水的酸碱度以 pH＝6.8～7.2 为宜；自来水应含氯量少，含氯量高时应存放过夜后再用；河水、井水、池塘水等应加温到 60℃，杀死其中的水虫，冷却后使用。

c. 洗粪时应防止毛蚴过早孵化，为此可用 1％～1.2％的盐水代替常水，一般在水温不足 15℃时用常水，水温为 15～18℃时于第一次换水后改用盐水，水温超过 18℃时一直用盐水。

4. 幼虫培养法

幼虫培养法用于区分圆形目线虫虫卵的种类。由于圆形目线虫虫卵的形态都很相似,故常将含有虫卵的粪便加以培养,待其发育为幼虫后,根据幼虫形态加以鉴别。具体操作是取新鲜待检粪便捣碎或经水洗沉淀后所收集的粪渣放入培养皿(培养皿底部预先放有一层滤纸)内,加水调成糊状(稀粪则不加水),并堆成半圆形,使其顶部略高于平皿的边缘,后加盖与粪相接触。将培养皿置于 25~30℃ 恒温培养箱中,每日观察粪便是否干燥,要适时加水以保持皿内湿度。经 7~15d,用胶头滴管吸取皿盖上的水珠或皿内液体,滴在载玻片上覆以盖玻片,在显微镜下进行观察,或用贝尔曼氏装置收集幼虫。

(三)蠕虫虫体的检查

本法多用于检查随粪便排出或驱虫后排出的绦虫孕卵节片和各种成虫虫体,也可结合寄生虫学剖检法用于检验驱虫药物对寄生虫的驱虫效果。

为了发现大型虫体和较大节片,先检查粪便的表面,然后轻轻拨开粪便检查。对于较小的虫体或节片,可将粪便置于瓷盆中,加入 5~10 倍自来水或生理盐水,彻底搅拌后静置 10min,然后倾去上层液,重新加入清水搅拌、静置,如此反复数次,直到上层液体清亮为止。最后倾去上层液,将少量沉淀物放在黑色浅盘(或衬以黑色纸片或黑布的玻璃杯)中检查,必要时可用放大镜或解剖镜检查,发现虫体即用解剖针或毛笔挑出,以便进行鉴定。

(四)粪便内原虫检查

在诊断球虫病时常用饱和盐水漂浮法检查粪便中的卵囊,也可用直接涂片法,如需计数则用麦克马斯特法。当需要进行种类鉴定时,可将收集到的卵囊悬浮于 2.5% 重铬酸钾溶液中,在 25~28℃ 培养箱中培养 3~5d,待其孢子化后在显微镜下进行鉴定。主要观察卵囊的形态、大小,卵囊壁的颜色、光滑度,孢子囊的大小、形状及有无斯氏体,子孢子的大小,有无极帽、卵膜孔、卵囊残体、孢子囊残体,极粒的有无及其个数等。

检查隐孢子虫卵囊时,可用饱和蔗糖溶液漂浮法和染色法。收集粪便中的卵囊,涂片,待涂片晾干后用金胺-酚染色法、金胺-酚-改良抗酸染色法、齐-尼氏染色法、沙黄-亚甲蓝染色法染色。因隐孢子虫卵囊很小,直径仅 2~6μm,需要在油镜下观察。隐孢子虫卵囊往往呈玫瑰红色。

检查蓝氏贾第鞭毛虫时,可用新鲜粪便加生理盐水做成抹片或用漂浮法检查粪便中的包囊型虫体。腹泻时粪便中常有滋养体,为便于对虫体进行观察,可以滴加碘液进行染色。

二、血液检查

血液检查主要用于血液原虫病和丝虫病的诊断。

(一)鲜血压滴标本检查

鲜血压滴标本检查用来检查活动的虫体,适用于检查血液中的微丝蚴和血液原虫。将采出的新鲜血液滴在干净的载玻片上,加等量生理盐水混合均匀后,盖上盖玻片,立即在显微镜下用低倍镜检查,发现有运动的可疑虫体时,可再换高倍镜检查。由于虫体未染色,所以检查时应使视野中的光线弱些。冬季室温过低,应先将载玻片在酒精灯上略加温,以保持虫体的活力。

(二)涂片染色标本检查

1.薄血膜涂片检查法

其适用于各种血液原虫的检查,如巴贝斯虫、泰勒虫等。具体操作:采血,滴于载玻片的一端,推制成血片,并晾干。滴 2~3 滴甲醇于血膜上,使其固定,然后用姬姆萨染色液或瑞氏染色液染色,取出后水洗,干燥后置于显微镜高倍镜下进行检查。

2.厚血膜涂片检查法

其用于血液中微丝蚴和伊氏锥虫较少时的检查。如检查血液中的微丝蚴,先用明矾苏木素染色,再用 1% 伊红染液复染;也可用姬姆萨染色液进行染色。如检查血液中的伊氏锥虫,则用姬姆萨染色液或瑞氏染色液进行染色。

3.虫体浓集检查法

当血液中的虫体很少时,可先进行集虫,再行制片检查。适用于检查血液中的微丝蚴、梨形虫(巴贝斯虫、泰勒虫)等。其操作过程:先在离心管中加 2% 柠檬酸钠生理盐水 3~4mL,再加待检血液 6~7mL,混匀后,以 500r/min 的转速离心 5min,使其中大部分红细胞沉降;而后将含有少量红细胞、白细胞和虫体的上层血浆用吸管移入另一离心管中,并在这血浆中补加一些生理盐水,以 2500r/min 的转速离心 10min,弃去上清液;取沉淀物制成抹片,用姬姆萨染色液或瑞氏染色液染色进行镜检。

三、组织脏器检查

有些原虫寄生于动物的组织器官内。一般在死后剖检时,取一小块组织,以其切面在载玻片上触片或抹片,或将小块组织固定后制成组织切片,进行染色检查。抹片或触片可用瑞氏染色液或姬姆萨染色液染色后镜检观察。

(一)弓形虫滋养体和包囊的检查

在病畜生前可用其腹水、发热期血液、脑脊髓液、眼房水、唾液、乳汁等体液抹片;死后通常以肺脏、肝脏、淋巴结等脏器触片。自然干燥后,用甲醇固定 2~3min,然后用瑞氏染色液或姬姆萨染色液染色后镜检观察弓形虫的滋养体和包囊。

(二)泰勒虫裂殖体的检查

感染泰勒虫病的病畜,常呈现局部体表淋巴结肿大。取淋巴结穿刺物进行显微镜检查以寻找病原体,有助于该病的早期诊断。具体操作:首先将病畜保定,用右手将肿大的淋巴结稍向上方推移,并用左手固定淋巴结,局部剪毛,用碘酒消毒,以 10mL 注射器和较粗的针头刺入淋巴结,抽取淋巴组织,拔出针头,将针头内容物推挤到载玻片上,涂成抹片,固定,用姬姆萨染色液或瑞氏染色液染色(与血涂片染色法相同),镜检,找到泰勒虫的裂殖体(也称柯赫氏体或石榴体)。

(三)肉孢子虫包囊的检查

肉孢子虫的包囊寄生于动物的肌肉中,多呈纺锤形、圆柱形或卵圆形,颜色呈灰白色至乳白色,小的肉眼难以看到,大的可达数厘米。对肉孢子虫包囊的检查常采用肌肉压片镜检。具体操作:将采集的每个待检肉样剥去肌膜,分别称 0.1g,沿肌纤维纵长方向剪成小条,置于一张载玻片上,盖上一张载玻片将肌肉压碎,每个部位制作 3 张压片。在显微镜下镜检观察。肉孢子虫包囊的囊壁由两层壁组成,内壁向囊内延伸,构成很多中隔,将囊腔分为若干小室。发育成熟的包囊,小室中藏着许多肾形或香蕉形的慢殖子(滋养体),长 $10\sim12\mu m$、宽 $4\sim9\mu m$,一端稍尖,一端稍钝。也可用姬姆萨染色液染色后观察。

四、皮肤及皮下检查

(一)皮屑检查

其用于疥螨、痒螨等螨病的诊断。疥螨、痒螨的虫体较小,疥螨的虫体大小在 0.5mm以下,痒螨在0.7mm 以下,眼观不易发现。其诊断方法如下:用剪毛剪剪去皮肤病变部位与正常部位交界处的羊毛,然后用手术刀片垂直刮取交界处皮肤,直至皮肤微微出血,将刮下的皮屑放在平皿内,在黑色衬底的平台上观察,可直接用肉眼或放大镜进行观察,必要时可放到显微镜下观察。

(二)皮肤表面、被毛的检查

其用于诊断蜱、毛虱、血虱、虱蝇、蠕形蚤等体外寄生虫引起的寄生虫病。由于蜱、虱、虱蝇、蚤等形态较大,采集后去除杂物,洗净后放入 70%酒精中,带回实验室,在显微镜下进行观察、鉴定。

五、虫种鉴定

(一)虫种鉴定程序

对寄生虫病的确诊,需进行病原的鉴定,即寄生虫虫种的鉴定。现将寄生虫虫种的鉴定程序介绍如下。

第一步,按照寄生虫标本的采集方法制作可观察标本。

第二步,对标本进行细致的观察,记录虫体的数量和形态特征。形态特征包括虫体的大小、形状,各器官的大小、形态、所处位置等。

第三步,根据宿主的不同,大致确定寄生虫的范围。不同类型的宿主身上的寄生虫种类有所不同。根据调查结果,可查找有关宿主与寄生虫的资料。

第四步,按照寄生虫分类学方法,将标本的特点与寄生虫界、门、纲、目、科、属的定义逐级进行比对,基本可推断到属。

第五步,将属里的寄生虫图谱或有关记述与标本比对,就可确定到虫种。

第六步,对新种的发现,应将标本与该属所有报道的虫种进行比对,如在形态上确有不同,可定为新种。新种要有一定的数量,具有种群,不能发现 $1\sim2$ 个虫体就将其定为新种。在很多情况下,有的虫体会出现畸形,也有因标本处理不当出现的标本变形或变态的情况。

第七步,根据鉴定结果与查找到的分析资料,还可鉴定标本中是否有新宿主或新地域。

第八步,根据以上鉴定程序和鉴定内容,撰写鉴定报告。

(二)寄生虫标本的采集

1. 采集流程

(1)建立采集标本登记表

登记表的内容包括畜主、时间、地点、畜种、年龄、性别、体重、采集的部位、数量等。

(2)准备剖检器械和用品

在进行标本采集前,必须做好准备工作,如准备采集标本所用的各种器械和用品。采集标本所需的器械和用品有显微镜、载玻片、盖玻片、平皿、注射器、手术剪、手术刀、镊子、解剖针、方盘、放大镜、量筒、标本瓶、标签、棉线、水桶、手套、工作服、肥皂、毛巾、无水乙醇、消毒液等。

(3)常规剖检采集标本的顺序及各系统检查项目

①标本采集顺序。

首先采血制作血片,染色镜检,观察血液中有无巴贝斯虫、泰勒虫等寄生虫;检查体表有无外寄生虫,常规剖检(分离各脏器,消化道要分段双结扎),然后对头部(眼、鼻腔、脑、舌)、肌肉、腹腔、后腔静脉、各脏器进行检查。

②各系统检查项目。

具体操作详见本章第三节病理解剖变化检查技术。

2. 具体采集方法

(1)吸虫和绦虫标本的采集

吸虫用弯头针、弯头镊、毛笔挑取,小型吸虫用吸管吸取,不能用镊子夹取,以免损伤虫体,影响观察。其体表附着的污物应放在生理盐水中以毛笔轻轻刷去。吸虫的肠内容物过多时,可在生理盐水中放置过夜,待其将食物消化或排出,然后用75%酒精保存。

绦虫的挑取和洗净方法同吸虫,但由于其头节易断离,动作宜轻。如果绦虫头节附着在肠壁上很牢固,应将附有绦虫的肠道连同虫体一起剪下,浸入生理盐水中数小时,头节会自行脱离肠壁。将洗净的绦虫头节、成熟节片和孕卵节片放在两块载玻片之间,用棉线绑扎,两端要用纸层垫住,防止把虫体压裂,然后滴入75%酒精,24h后将虫体取出,放入小瓶内,加标签保存。

(2)线虫标本的采集

用小镊子或解剖针将组织器官内的线虫虫体挑出,用生理盐水洗干净,然后将洗净的虫体放入70%酒精中,待虫体伸直后,将虫体挑入含5%甘油的80%酒精中,加标签保存。

(3)蜱、螨等标本的采集

在畜体上采集硬蜱时,蜱可能叮得很牢,应滴上乙醚或氯仿,再轻轻用镊子夹住其假头部,镊子须与畜体的皮肤呈垂直状态,然后向外拔,务必将假头部拉出皮肤。将其洗净后直接放入含70%酒精的标本瓶内。

螨虫必须先刮皮屑,检出虫体,再放入70%酒精中。

在动物体表寄生的血虱、虱蝇、毛虱、蚤等昆虫可用手或小镊子采集,收集于平皿或小瓶内。将其洗净后直接放入含70%酒精的标本瓶内。

羊狂蝇幼虫寄生在羊鼻腔内,生前采集比较困难,只能在病羊死后将其鼻腔剖开,在鼻腔、鼻窦、额窦中采集幼虫。

（4）原虫标本的采集

血液原虫要采血制作血片；粪便中的原虫卵囊和包囊，可在粪液中加入 10％福尔马林长期保存。组织中的原虫，可连同组织制成组织切片或浸泡于 5％～10％福尔马林中。住肉孢子虫，做肌肉压片。

（三）虫种鉴定方法

1.吸虫和绦虫的鉴定

寄生于羊的吸虫主要包括肝片形吸虫、大片形吸虫、矛形双腔吸虫、中华双腔吸虫、腔阔盘吸虫、胰阔盘吸虫、枝睾阔盘吸虫、鹿前后盘吸虫、日本血吸虫、土耳其斯坦东毕吸虫等。它们的形态学特点主要是虫体背腹扁平，呈叶片状，有的似圆柱状，日本血吸虫、土耳其斯坦东毕吸虫呈线状。一般呈淡红色、棕色、白色，大小差异大。通常具有两个肌质杯状吸盘，除日本血吸虫、土耳其斯坦东毕吸虫外，均为雌雄同体。

绦虫主要包括寄生于羊小肠内的扩展莫尼茨绦虫、贝氏莫尼茨绦虫、盖氏曲子宫绦虫和中点无卵黄腺绦虫。它们的形态学特点主要是虫体背腹扁平，呈带状，白色或淡黄色，不透明。整个身体由数个到上千个节片组成。前端细小，后端宽。整个身体可分为头节、颈节和体节三部分。头节上有吸盘，均为雌雄同体。

采集到的新鲜虫体，有的可直接鉴定出种类，如细颈囊尾蚴等，但多数吸虫和绦虫需要制成玻片标本，通过观察其形态结构才能鉴定。

①染色。将保存在酒精中的标本直接放入染液中染色。保存于福尔马林内的虫体标本，应先取出水洗 1～2h，而后依次置于 30％、50％、70％酒精各 0.5～1h，之后投入染液中，染色过夜，使虫体被染为深红色。

②脱色。将染色后的虫体移入脱色液盐酸酒精（2mL 盐酸加 100mL 70％酒精）中，使卵巢、卵黄腺、睾丸等器官着色均匀，结构清晰，对比鲜明。

③脱水。依次在 80％、95％、100％酒精中各脱水 30min。

④透明。将脱水后的虫体移入二甲苯中透明。

⑤封片。将透明后的虫体放到载玻片上，滴加加拿大树脂，加盖玻片封固，贴上标签。

2.线虫的鉴定

线虫主要包括消化道线虫、肺线虫、丝虫等。它们的形态学特点主要是虫体呈线状或毛发状，白色，吸血的线虫呈淡红色，雌雄异体。雌虫虫体一般较大、较粗，两端光滑。雄虫较雌虫细、短，后端不同程度地弯曲，尾部膨大，有交合伞。

目前除蛔虫等可直接鉴定出种外，大多数线虫需要先用线虫透明液进行透明处理后，在显微镜下观察形态结构才能鉴定。

线虫透明液有多种，常用的有石炭酸酒精透明液（其配方是：石炭酸 4 份、无水乙醇 1份）和乳酸苯酚透明液（其配方是：甘油 2 份、乳酸 1 份、石炭酸 1 份、水 1 份）。

使用石炭酸酒精透明液时，可直接将虫体放入透明液中，短时间内虫体即可透明。然后将透明的虫体放在载玻片上，虫体前端朝下方，盖上盖玻片，在显微镜下进行观察、鉴定。

使用乳酸苯酚透明液时，要先将待鉴定的虫体移入 1％福尔马林中浸泡 2h，然后将虫体放入透明液中,30min 后,可对透明的虫体进行鉴定。

3.外寄生虫的鉴定

大型虫体可直接放到解剖镜下进行观察、鉴定,小的虫体须制作封片鉴定,具体方法如下。

①消蚀。将标本取出,放入清水洗净,然后放入 10%氢氧化钠溶液中消蚀其软组织 1～3d。

②中和碱性。将标本在清水中洗净,放入 1%冰醋酸溶液中 1h 左右。

③脱水。在 50%、70%、80%、95%、100%酒精中各脱水 1.5h。

④透明软化。放入丁香油中 1h。

⑤封片。用加拿大树脂或阿拉伯胶封片。

4.原虫的鉴定

原虫主要包括泰勒虫、巴贝斯虫、球虫、隐孢子虫、弓形虫、肉孢子虫等。它们的形态学特点主要是单细胞动物,较小,需通过显微镜才能观察到虫体。泰勒虫和巴贝斯虫寄生在羊的血液中,要制作血片,染色后进行观察鉴定。住肉孢子虫可制作肌肉压片,直接在显微镜下观察。球虫、隐孢子虫寄生于羊的肠道中,可用漂浮法收集卵囊后在显微镜下进行观察、鉴定。

第五节 免疫学检查

一、概述

寄生虫的免疫学检查是通过对检测动物感染寄生虫后所出现的相应抗体或抗原而做出诊断的方法,具有简便、快速、敏感、特异等优点。但由于寄生虫结构复杂、生活史的不同阶段有不同的特异性抗原以及许多寄生虫具有免疫逃避能力等,因此检测过程中有时会不同程度地出现交叉反应或因病原排出后血清中抗体仍能持续较久而出现假阳性,以及受循环抗原浓度影响,会出现假阴性,从而影响了诊断的准确性。因此,目前免疫学检查一般只能用于寄生虫病的辅助诊断。另外,在寄生虫病的流行病学调查中,免疫学方法也有着其他方法不可替代的优越性。

免疫学的发展,加快了寄生虫免疫研究的进展,已经建立了染色试验、环卵沉淀反应等寄生虫病所特有的免疫诊断方法。目前,用于寄生虫病诊断的方法有数十种之多。我国已建立并推广了肝片形吸虫病、日本血吸虫病、棘球蚴病、旋毛虫病、弓形虫病等一些重要寄生虫病的免疫学诊断方法。

二、免疫学检查在羊寄生虫病中的应用

(一)皮内试验

皮内试验是利用宿主的速发型变态反应,将特异性抗原液注入皮内,观测皮丘及红晕反应以判断有无特异性抗体(IgE)存在的试验。该法具有敏感性高,操作方便,反应和读取结果快,不需要特殊仪器设备,适宜现场应用等优点。但由于所用抗原不纯等,

皮内试验存在较严重的假阳性反应和交叉反应,因此该法在寄生虫病诊断中的应用受到限制。

皮内试验可应用于血吸虫病、棘球蚴病、丝虫病、弓形虫病等的流行病学调查和辅助诊断。

(二)间接血凝试验

间接血凝试验是将可溶性抗原吸附于红细胞载体表面,在电解质存在条件下,使这些吸附抗原的载体颗粒与相应抗体发生凝集反应。间接血凝试验快速、易操作、不需要昂贵的仪器、敏感性高,已用于肝片形吸虫病、血吸虫病、棘球蚴病、丝虫病、弓形虫病等的流行病学调查和辅助诊断。

(三)酶联免疫吸附试验

酶联免疫吸附试验(ELISA)的原理是将抗原或抗体与酶共价结合形成酶标抗原或抗体,此酶标抗原或抗体与吸附在固相载体上的抗体或抗原发生特异性结合,最后底物在酶的催化作用下发生颜色反应。此法可检测抗原,亦可检测抗体,具有较高的特异性和敏感性,可用于寄生虫的早期或轻度感染的诊断。实验方法包括间接法、夹心法和竞争法,其中,间接法是检测抗体最常用的方法,夹心法是检测抗原最常用的方法,竞争法既可检测抗原,亦可检测抗体。

(四)间接荧光抗体技术

间接荧光抗体技术(IFAT)是将某些荧光素与抗 IgG 抗体结合形成荧光二抗,此荧光二抗与待检血清中抗体发生特异性结合,此免疫荧光抗体复合物在适宜波长光激发下会发出荧光,再借助荧光显微镜进行观察。此法已用于肝片形吸虫病、血吸虫病、旋毛虫病、钩虫病、锥虫病、弓形虫病等多种寄生虫病的诊断。

(五)免疫胶体金技术

免疫胶体金技术(ICGT)是将胶体金标记的间接抗体或蛋白质与特异性抗体结合,使其在光学显微镜下呈现红色的反应物,其是将血清学方法和显微镜方法相结合的一种新的免疫标记技术。免疫胶体金技术可以快速、灵敏地检测特定蛋白质,避免了复杂的操作,无须特殊检测仪器,可以适应多种检测环境以及多种检测需要。并且,检测结果可以长期保存,便于对照分析,使检测更具有普遍性。此法已用于日本血吸虫病等寄生虫病的诊断。

(六)染色试验

染色试验是弓形虫病所特有的免疫学诊断方法。其原理是弓形虫在阴性血清作用后仍能为碱性美蓝染色液所深染,但与阳性血清(抗体)作用后则不着色或着色很淡,据此便可判断被检者血清中是否含有弓形虫抗体。

第六节 分子生物学检查

一、概述

近年来,随着分子生物学技术的迅速发展,分子生物学技术以其高度敏感、特异、能早期诊断等特点,开辟了一种全新的寄生虫病诊断方法。

二、分子生物学技术在羊寄生虫病诊断中的应用

(一)核酸探针技术

核酸探针技术又称为基因探针技术、核酸杂交技术,因其高度的敏感性、无抗原的交叉反应而优于传统的病原学、免疫学诊断方法,能显著地区别形态相似或有共同抗原表位的虫体,在寄生虫病的诊断中得到青睐。

核酸探针技术需用到待检核酸、固相载体(硝酸纤维素膜或尼龙膜)、化学发光标记的探针。利用碱基互补的原则,分子量大的非标记单链 DNA 与分子质量小的带标记的单链 DNA 在一定条件下的复性,进行杂交,凡是具有互补核苷酸序列的核酸可以结合形成 DNA-DNA(或 DNA-RNA、RNA-RNA)双链杂交分子,再将未配对的探针洗脱,利用酶底物反应或放射自显影方法,在固相载体的相应位置可观察到特异反应条带。

目前,核酸探针技术已被广泛用于寄生虫病的诊断(如棘球蚴病等寄生虫病的诊断)、寄生虫虫种的鉴定及分类等方面。

(二)聚合酶链反应技术

聚合酶链反应(PCR)技术的基本原理是依温度的变化在体外控制 DNA 的解链、退火(引物与模板结合),在引物的启动和 DNA 聚合酶的催化下,合成两引物特定区域的 DNA 链。典型的一套 PCR 分为 DNA 解链、引物与模板退火、引物延伸。这 3 个步骤称为一个循环,通过 20～30 次循环,特定区段 DNA 的量至少可以增加 10^5 倍。

PCR 技术因具有特异、敏感、简单、快速的优点,已被用于旋毛虫病、巴贝斯虫病、泰勒虫病、弓形虫病、隐孢子虫病、贾第虫病等寄生虫病的诊断及虫种的分类鉴定。

第三章　羊寄生虫病综合防控技术

第一节　羊寄生虫病综合防控原则

各种寄生虫病都有各自的流行特点,同时,寄生虫病的发生和流行又同自然条件和社会因素有着密切的关系,因此,必须贯彻"预防为主"的方针,采取综合防控的措施才能控制和消除寄生虫病,达到保障养羊业发展和保护人民身体健康的目的。

根据寄生虫病的发生和流行因素,可对寄生虫病采取以下综合预防措施。

一、消灭羊体内外寄生虫

消灭羊体内外寄生虫是防止羊寄生虫病流行的重要环节。对患病羊进行及时治疗,驱除体内或体表的虫体,既可以达到治疗的目的,又可以减少病原体向自然界扩散,从而起到控制感染源的作用。

同时根据各种寄生虫的生长发育的规律,有计划地定期预防性驱虫,以驱杀羊体内外的寄生虫。对一些蠕虫病的驱虫,最好能采取"成熟前驱虫",即趁一种蠕虫在宿主体内尚未发育成熟的时候,用药驱除之。这样做既可减轻患病羊的损害,又能把寄生虫消灭在成熟之前,从而防止羊排出病原污染环境。对某些原虫病应查明带虫动物,隔离治疗,防止病原扩散。

对带虫者或保虫宿主也要采取有效的防治措施。

二、切断传播途径

如果外界环境中存在寄生虫病的传染源,羊就容易感染寄生虫病。因此,切断寄生虫病的传播途径,是减少寄生虫病的关键措施。切断传播途径的方法有两大类:第一类是消灭环境中的寄生虫病原,如喷洒硫酸铜溶液消灭沼泽地带吸虫的中间宿主,喷洒杀虫剂消灭圈舍及其周围环境中的寄生虫病原。第二类是阻断寄生虫病原与羊的接触,从而减少寄生虫病。常用的方法如下。

1. 切断吸虫、绦虫、线虫、球虫传播途径的方法

对排出的羊粪要及时清理出圈,进行集中无害化处理,防止羊粪便中的虫卵或卵囊和幼虫对羊的感染。不要到有寄生虫虫卵或卵囊、幼虫、中间宿主污染的草地放牧,不要用被寄生虫虫卵或卵囊、幼虫、中间宿主污染的牧草、饲料饲喂羊。

2.切断外寄生虫传播途径的方法

建立防蝇、防蚊的圈舍设施,在蚊、蝇较多的季节要定期给羊体喷洒杀虫剂。不要到有蜱类、蚤类的草场放牧。

3.切断原虫传播途径的方法

在蜱类、蚊类流行的季节,定期给羊喷洒杀虫剂,杀灭吸血昆虫,或阻止吸血昆虫叮咬羊而传播原虫病。在羊原虫病流行区,要给羊注射原虫病疫苗,防止羊患原虫病。

三、加强饲养管理

加强饲养管理,增强羊的体质,可减少寄生虫病的发生。羔羊对寄生虫病易感,因此对羔羊应特别注意。

按照羊的饲养标准,对不同品种和生长阶段(羔羊、成年羊、妊娠母羊)的羊进行合理的饲喂。圈舍要保持干燥、卫生、通风,冬季要有保温设施。定期对圈舍进行消毒,每季度1次。产房应在产前和产后进行消毒。保证羊有适当的运动。对病羊、体弱羊要进行单独饲喂,增加营养物质。加强对饲草、饲料及饮水的管理,防止它们被病原体污染。在羊圈内不要饲养犬、猫,因为它们是弓形虫的终末宿主。加强对流动羊的管理,特别是新购入的羊,一定要隔离饲养20d以上,确定无病后才能混群饲养,这样可防止外来疫病的传入。

饲养管理工作做好了,就可以减少羊寄生虫病的发生。

第二节 羊 场 设 计

羊场的科学规划设计和合理布局是提高羊生产性能、减少疫病发生的保障。科学合理的羊场设计不但可以使建设投资较少、生产流程通畅、劳动效率提高、生产潜力得以发挥、生产成本较低,而且还能有效地控制疫病的发生和传播。

一、正确选择羊场地址

(一)选址原则

羊场选址时,首先要考虑羊场的地理位置、常年的风向、输变电线路、水源水质、交通运输等条件,同时还要考虑环境保护、卫生防疫条件等。羊场选址直接影响着以后的羊养殖业的发展和养殖场(户)的经济效益以及养殖场周围居民的健康。

(二)选址时应注意的问题

1.地形地势

羊场应选择法律法规明确规定的禁养区之外,地势较高、干燥平坦、向阳背风、排水良好的地方,忌潮湿及通风不良。平原地区一般比较平坦、开阔,羊场应注意选择在较周围地段稍高的地方,以利排水。地下水位要低,以低于建筑物地基深度0.5m以下为宜。靠近河流、湖泊的地区,羊场要选择在比当地水文资料中的最高水位高1~2m的地方,以防涨水时被水淹没。在山区建场应尽量选择在背风向阳、面积较大的缓坡地带,总坡度不超过 25%，建筑区坡度应在 2.5% 以内。还要注意地质构造情况，避开断层、滑坡、塌方的地段，也要避开坡底和谷地以及风口，以免受山洪和暴风雪的袭击。

羊有喜干燥、厌潮湿的生活习性，如长期生活在低洼、潮湿环境中，不但不能有效发挥生产性能，而且容易患上寄生虫病等一些疾病。因此，切忌将羊场建在低洼、背阴、冬季风口的地方。

另外，土质黏性过重，透气性、透水性差，不易排水的地方，也不适于建羊场。因此，场址的土质要结实，并具有均匀的可压缩性，一般以透气、渗水的沙壤土为佳。

2. 饲料、饲草来源

饲料、饲草是羊赖以生存的最基本条件，因此，建羊场要考虑有稳定的饲料供给，如放牧地、饲料生产基地、打草场等。在以放牧为主的牧场，必须有足够的牧地和草场。以舍饲为主的羊场，必须有足够的饲草、饲料基地或便利的饲料原料来源。切忌在草料缺乏或附近无牧地的地方建羊场。

3. 水、电资源

水资源应符合《无公害食品 畜禽饮用水水质》(NY 5027—2008)之要求。具有清洁而充足的水源，是建羊场必须考虑的基本条件。羊场要求四季供水充足、取用方便，最好使用自来水、泉水、井水或流动的河水，并且水质良好（水中大肠杆菌数、固体物总量、硝酸盐和亚硝酸盐的总含量都要符合卫生标准），以保证羊场生产、生活、消防等用水要求。

对羊场而言，建立自己的水源，确保供水是十分必要的，切忌在严重缺水或水源严重污染的地区建场。

羊场内生产和生活都要求有可靠的供电条件。因此，需要了解供电源的位置及其与羊场的距离、最大供电允许量、是否经常停电、有无可能双路供电等。通常，建设羊场要求有 Ⅱ 级供电电源。在使用 Ⅲ 级以下供电电源时，则需自备发电机，以保证场内供电的稳定、可靠。为减少供电投资，羊场应尽可能靠近输电线路，以缩短新线路敷设距离。

4. 交通

羊场要求建在交通运输方便的地方，便于饲草、饲料的供应和羊的运输。羊场应交通便利又不紧邻交通要道，距离公路、铁路交通要道远近适中，同时满足交通运输和防疫两方面的要求。要与村落保持 150m 以上的距离，并尽量处在村落下风处和低于农舍、水井的地方。为了达到防疫的要求，羊场应距离村镇不少于 500m，距公路干线、铁路、城镇居民区和公共场所 1000m 以上，距一般道路 500m 以上。羊场周围 3000m 以内应无大型化工厂、采矿厂、皮革加工厂、肉品加工厂、屠宰场和其他畜牧场。

5. 防疫

羊场选址应符合动物卫生条件要求。选址时要充分了解当地和周围的疫情，羊场及周围地区必须为无疫病区，放牧地和打草场必须均未被污染，切忌将羊场建在羊传染病和寄生虫病流行的疫区，也不能将羊场建于化工厂、皮革加工厂、肉品加工厂、屠宰场等易造成环境污染的企业的下风处。同时，羊场也不能污染周围环境，应建在居民区的下风处，且距离居民住宅区较远，处于居民水源的下游。

场址的大小、相邻羊舍之间的距离等应符合卫生防疫要求，且符合配备建筑物和辅助设施以及羊场远景规划发展的需要。

羊场周围应有围墙或防疫沟,并建立绿化隔离带。

6.环境生态

遵循国家《恶臭污染物排放标准》(GB 14554—1993)和《畜禽场环境质量标准》(NY/T 388—1999)。了解国家对于养羊生产的相关政策、地方生产发展方向等。在开始建设之前,应获得市政、建设、环保等有关部门的批准,此外,还必须取得相应的施工许可证。

不宜征用以下地区或地段:规定的自然保护区、生活饮用水水源保护区、风景旅游区,受洪水或山洪威胁及有泥石流、滑坡等自然灾害多发地带,自然环境污染严重的地区。

二、羊场的布局

在养羊生产中,羊场的功能分区和各区建筑物布局,不但影响基建投资、经营管理、生产组织、劳动生产率和经济效益,而且影响场区的环境状况和防疫卫生。因此,应认真做好羊场的分区规划,确定场区各种建筑物的合理布局。

(一)羊场的功能分区

根据羊场的饲养管理和生物安全要求,羊场通常应设生活管理区、辅助生产区、生产区、隔离区。生活管理区和辅助生产区应建在场区常年主导风向的上风处和地势较高处,生产区、隔离区应建在场区常年主导风向的下风处和地势较低处。

(二)羊场的规划布置

1.生活管理区

生活管理区一般应位于场区全年主导风向的上风处或侧风处,并且应在紧邻场区大门内侧集中布置。其主要包括管理人员办公室、技术人员业务用房、接待室、会议室、资料室、食堂、职工宿舍、厕所、门卫值班室、围墙、大门、外来人员第一次更衣室、车辆消毒设施等。

羊场大门应位于场区主干道与场外道路连接处,设施布置应保证外来人员或车辆经过强制性消毒,并经门卫放行才能进场。

对生活管理区的具体规划因羊场规模而定。生活管理区应和生产区严格分开,与生产区之间有一定的缓冲地带。

2.辅助生产区

辅助生产区与生活管理区没有严格的界限要求。其主要包括供水、供电、供热、设备维修、物资仓库、饲料仓库、饲料加工车间等设施,这些设施应靠近生产区的负荷中心布置。

饲料加工车间应靠近羊舍,且靠近大门,以便于饲料的运输和就近给羊群饲喂,尽可能减少不必要的劳动强度。

3.生产区

生产区应建在生活管理区主风向的下风处或侧风处,在生产区入口处设置第二次人员更衣消毒室和车辆消毒设施。其主要包括羊舍、运动场、剪毛间、人工授精室、装羊台、运动场等,并配套建造好羊舍周围的围栏、栏舍进出口的消毒设施和粪污处理设施。若修建数栋羊舍,则羊舍之间应平行建造,相距10m左右,且前后对齐,以利于羊群的饲养管理和满足采光、防疫的需要。运动场可建在羊舍的南面,与羊舍相连。

杜绝外来车辆进入生产区,保证生产区内外运料车不交叉使用。

4.隔离区

隔离区应建在生产区主风向的下风处或侧风处,与生产区的间距应满足兽医卫生防疫要求。应距离羊舍的下风100m以上,且用围墙隔开,以防止疾病的传播。其主要包括兽医室、隔离羊舍、尸体解剖室、病尸高压灭菌或焚烧处理设备及粪便和污水处理设施等。绿化隔离带、隔离区内部的粪便污水处理设施和其他设施也要有适当的卫生防疫间距。运送饲草料的净道与运送粪尿等污物的道路应分设,并尽可能减少交叉点,避免交叉污染。

各区之间应有一定的间隔。既要避免冬、春季节羊群受寒风的侵袭,又要保证夏、秋季节的防暑和雨季的防潮,且应符合生产和兽医卫生及防火的要求。

三、羊舍的建设

羊舍是羊场的"生产车间",是羊生长、发育、生活的主要环境之一。羊舍的建设是否利于羊的生产,在一定程度上成为养羊成败的关键。羊舍的规划建设必须结合不同地域、气候环境和羊的性别、年龄、生长阶段进行。根据羊的性别、年龄、生长阶段,羊舍可划分为种公羊舍、哺乳母羊舍(包括羔羊补饲栏)、母羊舍、育成羊舍及隔离羊舍。

(一)羊舍建设的基本要求

根据羊怕潮湿、忌高热的生物学特性,建设羊舍一般应做到保温、通风和干燥。

1.选择合适的建筑地点

羊舍应建在生活管理区主风向的下风处和水源的下游,必须选择地势高、排水良好、背风向阳、通风干燥、交通便利、方便防疫的地方。坐北朝南,以保证冬暖夏凉。山区或丘陵地区可建在靠山向阳坡,但坡度不宜过大,南面要有比较平坦开阔的运动场,且冬、春季节容易保暖的地方。

2.有足够的面积和空间

各类羊只所需的羊舍面积,取决于羊的品种、性别、年龄、生理状态、数量、气候条件和饲养方式,一般以冬季防寒、夏季防暑、防潮、通风和便于管理为原则。

羊舍应有足够的建筑面积和高度,使羊群在舍内采食和活动时不感到拥挤,以羊群可自由活动为宜。羊舍面积过大,既浪费土地,又浪费建筑材料;面积过小,舍内拥挤潮湿、空气污染严重,有碍羊体健康,导致管理不便,生产效率不高。

建造羊舍时可依据以下面积参数:种公羊单饲 $4\sim6m^2$/只,群饲 $1.5\sim2.0m^2$/只;春季产羔母羊 $1.2\sim1.4m^2$/只,冬季产羔母羊 $2.0\sim2.3m^2$/只;育成公羊 $1\sim1.5m^2$/只;育成母羊 $0.7\sim0.8m^2$/只;去势羔羊 $0.6\sim0.8m^2$/只;$3\sim4$ 月龄羔羊 $0.3\sim0.4m^2$/只;育肥羯羊、淘汰羊 $0.7\sim0.8m^2$/只。

以舍饲为主的养羊场,还应设计足够的运动场地。运动场面积一般为羊舍面积的 $2\sim2.5$ 倍,成年羊的运动场面积可按 $4m^2$/只计算。

产房可设在靠近母羊舍的下风处,也可在成年母羊舍内隔出产房,并增添取暖设备,气温较低时可以给产房内加温,使产房内保持适宜的温度。产房的建造面积可根据母羊群的大小而定,在冬季产羔的情况下,一般可占羊舍面积的 25% 左右。

羊舍的高度要依据羊群大小、羊舍类型及当地气候条件而定。羊数越多,羊舍可建得越高些,以保证足量的空气。但过高会导致保温不良,建筑费用也高,一般羊舍内高度以 2.5m 左右为宜。

3.合理设计门窗

羊舍的门、窗和地面的建筑,应以不影响羊舍内的采光和羊群的身体健康为原则。舍门宽窄适当,过窄的舍门,可能会使怀孕母羊进出舍门时受挤而发生意外流产,一般舍门以宽 3m、高 2m 为宜。若羊群养殖数量较少或建造羔羊舍,其舍门宽度可缩至 1.5~2m。寒冷地区的羊舍,为防止冷空气的直接侵入,可在舍门外增设套门。

羊舍要求光照充足,成年羊舍的采光系数(指窗户有效采光面积与舍内地面面积之比)为 1:(15~25),高产羊为 1:(10~12),羔羊舍为 1:(15~20)。窗户应向阳,距地面 1.2m 左右为宜,以防止贼风直接侵袭羊群。南方地区高温、多雨、潮湿,为使羊舍内通风、干燥,羊舍的门窗可适当设计得大一些。羊舍地面一般应高出舍外 20~30cm,并铺成缓斜的坡度,以利于排水。

一般羊舍采用自然光照,无窗则全部要用人工光照。羊昼夜需要的光照时间:公、母羊舍 8~10h,妊娠母羊舍 16~18h。羔羊光照不足会直接导致佝偻病等代谢性疾病的发生,间接造成系列代谢病的发生。一般适当降低光照强度,可使羊的体重增加 3%~5%,饲料转化率提高 4%。光照的持续时间也影响羊的生长与肥育。

4.注意羊舍内温度和通风

适宜羊生长、发育的温度一般为 8~22℃,最适宜气温为 14~22℃。冬季羔羊舍内最低温度应保持在 10℃ 以上,一般羊舍在 5℃ 以上,产羔舍为 18~20℃。夏季羊舍温度不要超过 30℃。由于绵羊有厚而密的被毛,抗寒能力较强,所以舍内温度不宜过高。山羊舍内温度应高于绵羊舍内温度。羊舍在夏季应注意降温、防暑,根据需要可分别采用隔热、遮阳、通风、冷水喷淋屋顶等措施;冬季应保暖,北方可搭建塑料膜大棚式羊舍,羊舍内设置取暖设备,南方可采用塑料编织布、草帘封遮等办法。

羊舍通风对舍饲羊的生长和舍内空气质量具有一定的影响。在寒冷的季节,在保暖的同时,应保持适当的通风,将污浊气体排出舍外,减少羊呼吸道疾病的发生。为了保持羊舍内空气的新鲜和干燥,可在羊舍的屋顶上设置通气孔,孔上安装活门,根据羊舍内的空气质量适时开启,通风换气。南方地区在炎热的夏季应适当加大通风量,必要时可辅助机械通风,以降低舍内的高温。

5.注意羊舍周围的绿化

一般羊舍周围的绿化条件好,可明显地改善羊舍周围环境的温度、湿度、气流等环境条件,特别是在夏、秋高温季节可有效地减少辐射热。同时,良好的绿化条件可吸收羊舍周围空气中的二氧化碳和氨,有效地缓解养羊场对周围环境的污染。

(二)羊舍类型

羊舍的类型应依据建筑场地、建材选用及当地的气候条件、饲养方式、防疫要求、饲养习惯、经济实力等的不同而不同。根据不同结构划分标准,可将羊舍划分为若干类型。

1. 根据羊舍四周墙壁封闭的严密程度分类

①密闭舍：四周墙壁完整，留门窗，上有屋顶。特点是结实、耐用、保湿性能良好，适合较寒冷的地区。

②半开放舍：三面有墙，向阳遮风，一般南面为 1.2～1.5m 高的矮墙，矮墙上部敞开。特点是保温性能较差，通风采光好，适合于冬季、春季较温暖无冰冻的地区，是我国较为普遍采用的类型。

③开放舍：只有屋顶面，没有墙壁，防太阳辐射及雨淋，适合于炎热地区。

将来的发展趋势是将羊舍建成组装式类型。即墙、门窗可根据一年内气候的变化进行拆卸和组装，形成不同类型的羊舍。

2. 根据羊舍屋顶的形式分类

①单坡式：羊舍跨度小，自然采光好，适用于小规模羊群和简易羊舍。

②双坡式：羊舍跨度大，保暖能力强，但自然采光和通风都较差，适用于寒冷地区，是最常用的一种类型。

在北方寒冷地区以保暖为目的，还可选用圆拱式、双拆式、平屋顶式等类型。根据我国南方炎热、潮湿的气候特点，可修建楼式羊舍。楼板多用木条或竹片铺设，间隙 1～1.5cm，距离地面高度为 1.5～1.8m，羊排出的粪尿可从间隙中漏下。羊舍的南面或南北面一般只有 0.9～1.0m 高的半墙，舍门宽 1.5～2.0m，顶高 2～2.5m。这类羊舍通风性能良好，且防热、防潮湿性能良好。

3. 根据羊舍平面结构分类

根据羊舍平面结构分类，羊舍可分为长方形羊舍、正方形羊舍、半圆形羊舍。长方形羊舍在我国比较普遍。其优点是采光性能好，羊舍前面有运动场，可根据羊群分群饲养的需要再分割成若干个小圈。长方形羊舍可分为单列式和双列式两种，以双列式较多见。双列式又可分为对头式（即中间为走道，走道两边各一列羊舍，并靠走道两侧固定两排饲槽）和对尾式（即走道在两边，中间为两列羊舍，靠走道各固定一排饲槽）两种。一般双列式羊舍的跨度为 10～12m，顶高 4～5m。而北方地区较为寒冷，羊舍多采用单列式，一般单列式羊舍的跨度为 8m 左右，顶高 4m 左右。

4. 根据建筑用材分类

根据建筑用材分类，羊舍可分为砖木结构、土木结构、敞篷围栏结构等。

5. 根据羊舍长墙与端墙的排列形式分类

根据羊舍长墙与端墙的排列形式分类，羊舍可分为"一"字形、"冂"字形等。其中，"一"字形羊舍采光好、均匀，温差不大，经济适用，是较常用的一种类型。

第三节　饲养管理

一、饲料营养

羊是反刍动物，羔羊出生后在 20 日龄左右开始出现反刍活动，在 7～10d 就能补饲容易被消化的精料和优质干草。羊可消化的饲料中含 50%～80% 的粗纤维。羊要维持正常的生命活动和产毛、产肉性能,就需要从饲料中获取必需的营养物质,包括蛋白质、碳水化合物、脂肪、矿物质、维生素和水。蛋白质是羊体生长和组织修复的主要原料,并提供部分能量;碳水化合物和脂肪主要为羊提供生存和生产所必需的能量;矿物质、维生素和水在调节羊的生理功能、保障营养物质和代谢产物的传输方面,具有重要作用,其中钙、磷是组成牙齿和骨骼的主要成分。

所需营养物质的多少因年龄、性别、体质大小、生产目的等不同而有所差别。如果所需营养物质在种类和数量上达不到要求,羊就不能正常生长发育和发挥其生产能力,严重者会造成营养缺乏症;如果超过了需求量,也并不能进一步提高生产水平,反而形成浪费,加大了饲养成本,甚至会降低羊的生产能力,严重者会造成营养代谢病。

因此,需要根据羊的品种、年龄、性别、体质大小、生产目的等的不同合理搭配各种饲料,使各种营养物质含量正好与羊对其需求量相等,这既能使羊正常生长并发挥最佳生产性能,又不浪费饲料,实现最低饲料成本。冬季精饲料中要注意维生素和矿物质微量元素的添加,补足食盐或设盐砖让羊自由舔食。

二、饲料保存及卫生

饲料种类不同,其保存方法也不同。精饲料经加工处理后干燥保存;青饲料要现割现喂,不宜放置过久,以防发热霉变;牧草饲料和秸秆饲料干燥后保存;化学处理饲料、微生物处理饲料和青贮饲料按要求保存。

羊体内的寄生虫的虫卵或卵囊,通过羊粪、尿排到外界。若将混有寄生虫虫卵、卵囊、幼虫的粪、尿作为农家肥用于饲草种植,虫卵或卵囊、幼虫就会污染青草,再将被污染的青草喂羊,这样会形成传播寄生虫病的一种恶性循环。在生产中应避免这种恶性循环。在收割青草时,应尽量在中午或下午4时前收割,由于温度较高、太阳光照射等,血矛线虫、食道口线虫等第三期幼虫躲避在地面等处,此时收割的青草相对安全。同时,应尽量收割地势高一点的青草,避免将草皮甚至地表泥土带入青草中,因为莫尼茨绦虫的中间宿主(地螨)一般在地表或泥土中,否则,易使羊感染绦虫病或线虫病等。

三、分群

应根据用途、性别、年龄、生长阶段、体重、体质状况等对羊进行分群管理和饲养,避免因强弱争食造成较大的个体差异及疫病的相互传染。

四、饲喂

1.定时、定量饲喂

定时、定量饲喂可以使羊形成固定的条件反射,对消化道内环境的稳定和正常消化机能的发挥具有重要作用。饲喂过迟、过早,均会扰乱羊的消化腺分泌活动,影响消化功能,只有定时饲喂,才能保证羊消化机能的正常和饲料营养物质消化率的提高。

2.稳定日粮

羊瘤胃内微生物区系的形成需要30d左右的时间,一旦微生物区系打乱,恢复就会很慢。因此,必须保持饲料种类的相对稳定。在必须更换饲料种类时,一定要逐步进行,以便瘤胃内微生物区系能够逐渐适应。尤其在更换精、粗饲料时,应有 7～10d 的过渡时间,这样才能使羊适应,不至于产生消化紊乱的情况。

3.有序饲喂

在饲喂顺序上,应根据精、粗饲料的品质和适口性,安排饲喂顺序。当羊建立起对饲喂顺序的条件反射后,不得随意改动,否则会打乱羊采食饲料的正常生理反应。一般的饲喂顺序为:先粗后精、先干后湿、先喂后饮。最好的方法是精、粗料混喂,采用完全混合日粮。

4.保障充足清洁的饮水

羊的饮水量一般为干物质进食量的 1～2 倍。饮水有多种形式,最好在运动场安装自动饮水器,或在运动场设置水槽,经常放足清洁饮水,让羊自由饮水。冬季饮水的水温不低于 10℃。

第四节 药 物 预 防

一、抗寄生虫药物选择及注意事项

(一)抗寄生虫药物种类

凡能驱除或杀灭动物体内外寄生虫的药物均称为抗寄生虫药物。

对寄生虫病进行预防和治疗,必须了解抗寄生虫药物的作用和驱虫谱。抗寄生虫药物可分为以下几类,即广谱药、驱吸虫药、抗血吸虫药、驱绦虫药、驱线虫药、抗原虫药、杀虫药。

1.广谱药

广谱药是指可驱除多纲寄生虫的药物,一次投药即能达到驱除多种寄生虫的目的。常用的广谱药有:

伊维菌素、阿维菌素和碘硝酚:既能驱除线虫,又能驱除蜱、螨、虱、蚤、羊蜱蝇等外寄生虫。

丙硫苯咪唑:可驱除吸虫、绦虫、线虫等蠕虫。

吡喹酮:可驱除吸虫和绦虫。

2.驱吸虫药

驱吸虫药是指专门治疗吸虫病的药物。主要有肝蛭净(三氯苯唑)、碘醚柳胺、五氯柳胺、氯氰碘柳胺钠(富基华)、硝碘酚腈、硫双二氯酚(别丁)、六氯酚、海托林(三氯苯哌嗪、海涛林)、硝氯酚、溴酚磷等。

3.抗血吸虫药

抗血吸虫药是一类用于治疗血吸虫病的药物。

抗血吸虫药主要有六氯对二甲苯(血防 846)、吡喹酮、呋喃丙胺等。

4.驱绦虫药

驱绦虫药是指专门治疗绦虫病的药物。主要有吡喹酮、氯硝柳胺(灭绦灵)、氢溴酸槟榔碱等。

5.驱线虫药

驱线虫药是指专门治疗线虫病的药物。除丙硫苯咪唑外,还有左旋咪唑、噻咪唑(四咪唑)、噻苯唑(噻苯咪唑)、甲苯咪唑、丙氧苯咪唑、磺苯咪唑、丙噻咪唑、丁苯咪唑、噻嘧啶、甲噻吩嘧啶、吩噻嗪、乙胺嗪(海群生)等。

6.抗原虫药

抗原虫药是指专门治疗原虫病的药物。主要有以下两类:

①抗球虫药:氨丙啉、盐霉素、拉沙里菌素、地克珠利、磺胺喹噁啉、磺胺二甲嘧啶等。

②抗梨形虫药:三氮脒(贝尼尔、血虫净)、硫酸喹啉脲(阿卡普林)、黄色素(锥黄素)、台盼蓝、咪唑苯脲(咪唑卡普)、双脒苯脲、氧二苯脲、戊氧苯脲、青蒿琥酯等。

7.杀虫药

杀虫药是指专门治疗外寄生虫病的药品。主要有以下种类:

①植物杀虫药:鱼藤、除虫菊等。

②人工合成杀虫药。

有机磷类:敌百虫、敌敌畏、蝇毒磷(除癞灵)、皮蝇磷、倍硫磷、马拉硫磷、二溴磷、螨净(二嗪哝)、巴胺磷(胺丙畏)等。

氨基甲酸酯类:残杀威。

拟除虫菊酯类:溴氰菊酯(敌杀死)、氯氰菊酯、高效氯氰菊酯、氰戊菊酯、氟氰戊菊酯、氟氯氰菊酯、三氟氯氰菊酯、甲氰菊酯、氟胺氰菊酯、氯菊酯、甲醚菊酯等。

(二)应用寄生虫药物注意事项

每种寄生虫病都可选择多种药物进行预防和治疗。在选用抗寄生虫药物时,应注意:

①合理使用抗寄生虫药物。这是防治寄生虫病的重要环节,在用药前应了解药物的理化性质、驱虫范围、副作用、使用剂量及方法、药物在动物体内的代谢过程等,以便于合理地选用剂型、用法、疗程,更充分地发挥药物的作用。

如果羊只感染一种寄生虫,可选择特效药物进行治疗。如片形吸虫病可选用三氯苯唑、氯氰碘柳胺盐、溴酚磷等,前后盘吸虫病首选硫酸二氯酚,绦虫病可选用吡喹酮、硫双二氯酚等,线虫病可选用阿维菌素、伊维菌素、左旋咪唑、芬苯达唑、丙硫苯咪唑(阿苯达唑)、奥芬达唑等,球虫病可选用地克珠利、莫能菌素钠、磺胺二甲嘧啶等,梨形虫病可选用三氮脒、二丙酸双脒苯脲等,螨病可选用阿维菌素、伊维菌素、双甲脒等,虱类可选用双甲脒、二嗪哝、溴氰菊酯等。

如果羊感染多种寄生虫,则可选择广谱药进行驱虫。如感染片形吸虫和线虫,可选用氯氰碘柳胺钠、碘醚柳胺、芬苯达唑等;感染线虫和螨,可选用阿维菌素、伊维菌素、多拉菌素、莫西菌素、氯氰碘柳胺钠等;感染绦虫和线虫,可选用芬苯达唑、甲苯达唑、硫双二氯酚等;感染片形吸虫和螨,可选用氯氰碘柳胺钠等;感染吸虫、绦虫、线虫,可选用丙硫苯咪唑(阿苯达唑)、芬苯达唑、奥芬达唑等。

②在使用抗寄生虫药物时,要考虑寄生虫的耐药性问题。小剂量反复或长期使用某些抗寄生虫药物,虫体会产生耐药性,使耐药虫株不断增加,驱虫效果就会降低,也可能会出现同一类药物的交叉耐药现象。因此,应经常交替使用不同类型的抗寄生虫药物,使用一种驱虫药不要超过3年,以减少或避免耐药性的产生。

③休药期问题。休药期是指动物从被给药结束到被许可屠宰或它们的产品(乳、肉等)被许可上市的间隔时间。在使用驱虫药时,应注意休药期的长短,即抗寄生虫药物在动物体内残留的时间。含有某种药物残留量的肉、乳等对人体有害。休药期随动物种类、药物种类、制剂形式、用药剂量、给药途径等不同而有差异。所以在使用某些抗寄生虫药物(如咪唑苯脲)后,在一定时期内不得屠宰已用药动物供食用,以免对人体造成不利影响。

④药物中毒的救治。羊有机磷中毒可肌内注射硫酸阿托品 $2\sim5$ mL/只并同时按 20 mg/kg 剂量肌内注射碘解磷定或氯解磷定;氨基甲酸酯中毒可注射东莨菪碱,$0.01\sim0.05$ mg/kg;有机磷和菊酯类中毒可采用对症疗法,包括强心、补液、补维生素 C 等。

(三)节药原则

驱除羊胃、肠道线虫的常用投药方法是口服。但由于反刍动物的瘤胃体积较大,大量驱虫药物常滞留于瘤胃中,所以使用的药品剂量就比较大。因此,可将某些药品(肝蛭净、吡喹酮、丙硫苯咪唑等)的口服给药改为瓣胃注射,其药用量仅为口服剂量的 $1/3\sim1/2$,且驱虫效果良好。

(四)投药方式

给羊投驱虫药,让其口服比较困难,也比较麻烦,而且瘤胃内容物多,反刍可降低血药浓度,因此最好采用针剂驱虫药或瓣胃注射法。

二、预防性驱虫时间的选择

预防性驱虫的时间应根据当地寄生于羊的寄生虫的种类、生活史、生物学特点、中间宿主、自然条件等来综合考虑。因此,养羊场应根据各自的具体情况选择以下方式和时间进行预防性驱虫。

(一)定期驱虫

为了防止寄生虫病严重危害羊健康,保护牧地不被寄生虫污染,应在发病季节到来之前,用药物给羊群进行定期驱虫。一般养羊散养户每年 3—4 月和 10—12 月各进行一次预防性驱虫。有必要时应进行季度驱虫。

(二)成熟前驱虫

其主要应用于蠕虫,当某种蠕虫在羊体内未发育成熟的时候进行。用这种方法驱虫可以达到两个方面的目的:一是将虫体消灭在成熟产卵之前,有效地防止虫卵和幼虫对外界环境的污染。二是防止病情的继续发展,有利于保护羊的健康。驱虫时间要依据寄生虫的生活史和流行病学而定。

(三)根据检测结果驱虫

在兽医条件较好的养羊场,采用虫卵定量检测的方法,每年定期抽样检测羊粪便中的寄生虫虫卵,根据结果判定是否应该进行预防性驱虫和选用驱虫药物的种类。

三、驱虫后效果检查

①观察驱虫动物的食欲、精神状况、粪便情况等。

②用药后 3～5d 将所排出的粪便用粪兜收集起来，进行水洗沉淀，观察并统计驱出虫体的数量和种类。

③用药后第 7 天，剖检各组中一半的动物，收集并计算残留在其体内的各种线虫的数量，鉴定其种类。

④其余动物在用药 15d 后，每天逐个收集两次粪便，混匀，采用麦克马斯特法检查各组动物粪便中的虫卵数量，计算每克粪便中虫卵数（EPG）和驱虫后动物感染数。

⑤驱虫效果判定：一般采用虫卵（卵囊）转阴率、虫卵（卵囊）减少率、精计驱虫率、粗计驱虫率、驱净率等指标。

a. 虫卵（卵囊）转阴率：

$$虫卵（卵囊）转阴率 = \frac{虫卵（卵囊）转阴羊总数}{试验羊总数} \times 100\%$$

虫卵（卵囊）转阴羊总数只使用抗寄生虫药物后，试验羊粪便中的寄生虫虫卵（卵囊）变为阴性的羊只数量。

b. 虫卵（卵囊）减少率：

$$虫卵（卵囊）减少率 = \frac{驱虫前 EPG - 驱虫后 EPG}{驱虫前 EPG} \times 100\%$$

同一只试验羊使用抗寄生虫药物前的每克粪便中虫卵（卵囊）数量称为驱虫前 EPG（OPG），使用药物后的每克粪便中虫卵（卵囊）数量称为驱虫后 EPG（OPG）。

c. 精计驱虫率：

$$精计驱虫率 = \frac{排出虫体数量}{排出虫体数量 + 残留虫体数量} \times 100\%$$

排出虫体数量是指使用抗寄生虫药物后，试验羊排出的寄生虫虫体数量，一般通过淘洗粪便等收集虫体后计算。残留虫体数量是指解剖试验羊后，在该羊体内收集到的寄生虫虫体数量。

d. 粗计驱虫率：

$$粗计驱虫率 = \frac{对照组平均残留虫体数量 - 试验组平均残留虫体数量}{对照组平均残留虫体数量} \times 100\%$$

对照组平均残留虫体数量是指解剖对照组羊后，收集到的寄生虫虫体平均数量。试验组平均残留虫体数量是指驱虫后，解剖试验羊收到的寄生虫虫体平均数量。

e. 驱净率：

$$驱净率 = \frac{完全驱出寄生虫虫体的试验羊总数}{全部羊总数} \times 100\%$$

完全驱出寄生虫虫体的试验羊总数是指解剖试验羊后，没有虫体残存的试验羊总数。如果试验羊解剖后在其体内还有虫体残存，说明该试验羊没有完全驱出虫体。

用虫卵（卵囊）数量的变化来评估药物的效果，省钱、省力，也不需要解剖羊，因此，虫卵（卵囊）转阴率和虫卵（卵囊）减少率是评估抗寄生虫药物最常用的方法。

四、羊寄生虫病预防性驱虫模式

为什么很多养羊者按一年两次或者三次进行驱虫，羊体内外还有寄生虫？主要有以下原因：一是羊的寄生虫种类很多，一次或者1～2种药不能驱除所有的寄生虫。如对球虫与吸虫、绦虫、线虫和对体表寄生虫的用药是不一样的。二是剂量和疗程不对。没有吃到有效剂量的药物或者疗程不够的羊是带虫者，又成为感染源，一般1～2个月羊群又会复发寄生虫病。三是只注重给羊驱虫而忽视环境的清理和消毒，大多数寄生虫虫卵在外界环境中的抵抗力很强，可以长期存在，如果不彻底清理，它们可以通过口腔、皮肤等途径再次感染羊。四是现在市场上很多消毒剂不能杀灭寄生虫虫卵或卵囊，所以，一般应选用强酸、强碱或者火焰消毒。

建议采用"定期检测粪便中的虫卵数→根据需要实施预防驱虫→驱虫后及时检测与评估"的方式进行预防性驱虫。

第五节　免疫预防

免疫预防是寄生虫病防治的重要技术措施之一。让动物接种寄生虫疫苗，使之产生特异性抵抗力，以防止寄生虫的感染。疫苗虽然在寄生虫病方面的应用比在细菌病和病毒病方面要少得多，但也有一些成功的例子。

一、寄生虫疫苗类型

(一)虫体抗原苗

虫体抗原苗是指用虫体提取物作为抗原并加入佐剂制成的疫苗。如旋毛虫成虫可溶性抗原和弗氏佐剂配合制备而成的疫苗。

(二)强毒活虫苗

强毒活虫苗是指直接用寄生虫虫体制成的疫苗，主要是通过控制感染的寄生虫数量，使宿主感染一定数量的寄生虫，达到预防再感染的效果，即使宿主处于带虫免疫状态，也不至于引起宿主发病。目前在生产上还无羊用的强毒活虫苗。

(三)弱毒活虫苗

弱毒活虫苗是一种致病力减弱但仍具有活力的疫苗。致病力减弱的虫体在易感动物体内可以存活甚至繁殖，但不致病，从而起到抗原的作用，在相当长的一段时间内激活机体内的免疫系统对同类或遗传上类似病原的感染起到免疫抵抗作用。

弱毒活虫苗可以通过从自然界筛选弱毒株、体内传代致弱、体外传代致弱、物理致弱（如放射线照射）、化学致弱（以亚治疗量的药物在体内或体外对虫体进行作用，降低虫体的活力）等途径获得。

(四)分泌物疫苗或代谢产物疫苗

寄生虫的分泌物或代谢产物具有很强的抗原性。可从培养液中提取寄生虫具有的抗原性分泌物或代谢产物来制备疫苗。

(五)重组抗原苗(或基因工程苗)

重组抗原苗是利用基因重组技术在表达载体内合成大量的蛋白质（重组抗原），再经过对重组蛋白质的处理制备而成的疫苗。也可以将多个抗原基因克隆到同一个载体上，以获得多价载体。

（六）抗独特型抗体疫苗

抗原刺激机体产生第一抗体（Ab1），在第一抗体免疫球蛋白的高变区存在一组特殊表位，被称为独特型（id），它刺激机体产生的第二抗体（Ab2），被称为抗独特型抗体。用抗独特型抗体代替抗原而制备的疫苗被称为抗独特型抗体疫苗。

（七）核酸疫苗

核酸疫苗，也称 DNA 疫苗，是将一段编码蛋白质的基因克隆到真核表达载体中，直接接种到动物内，激活免疫系统产生抵抗病原侵入或致病的免疫力。

二、寄生虫疫苗的应用

目前已有血吸虫重组基因工程苗（重组谷胱甘肽-S-转移酶）、羊棘球蚴（包虫）病基因工程亚单位苗、丝状网尾线虫弱毒苗、羊带绦虫基因工程苗、微小扇头蜱基因工程苗等。

羊棘球蚴（包虫）病基因工程亚单位苗（EG95）作为商用分子疫苗已被成功应用，对棘球蚴中间宿主羊的保护率验证试验效果显著。

捻转血矛线虫幼虫疫苗能使羊产生 95％以上的保护力。利用巯基琼脂糖凝胶亲和层析方法从捻转血矛线虫成虫的膜提取物中获得的蛋白复合物具有半胱氨酸蛋白酶活性，即巯基琼脂糖凝胶结合蛋白（thiol sepharose binding proteins，TSBP），利用 TSBP 免疫山羊，发现该抗原具有较好的免疫保护效果，平均减卵率和减虫率分别为 77％和 47％。

微小扇头蜱基因工程苗是澳大利亚研制的用大肠杆菌表达的基因工程苗，商品名为 TickGard。

从流产羊胎中分离出来的弓形虫 S48 速殖子，在实验室传代 3000 多次后，其变异株制成疫苗用来免疫羊后，一次预防接种的保护时间可达 18 个月，目前已在一些国家推广应用。

第六节　生物防控

寄生虫的生物防控就是用寄生虫的某些自然天敌来控制寄生虫的种群数量，使之处于无害化水平。生物防控的主要优点是可以避免使用化学制剂等带来的环境污染、病原生物产生耐药性等问题。动物寄生虫的自然天敌主要有细菌、真菌、超寄生虫及某些无脊椎动物。

用来防控动物寄生线虫的真菌主要有少孢节丛孢菌和嗜线虫真菌两种。少孢节丛孢菌能够产生黏性菌网捕捉线虫。在侵染线虫过程中，少孢节丛孢菌可分泌蛋白酶、几丁质酶、胶原酶等胞外水解酶，与捕食结构共同作用，从而高效地完成线虫的固定、角质层的入侵以及宿主细胞的降解等过程。嗜线虫真菌能产生大量厚垣孢子，通过动物消化道后能在粪便中有效地捕食自由生活阶段的幼虫。

苏云金杆菌是一种用来防控昆虫的细菌，它可释放一种伴孢晶体。伴孢晶体被敏感幼虫吸收后,在中肠液的作用下,完整的伴孢晶体溶解并被激活,从而破坏幼虫的正常功能,是昆虫害虫生物控制中应用最广、效果最好的一个种类,已用于杀灭某些种类的蚊虫幼虫。

国内利用辐射或化学不育剂诱使雄蜱产生染色体易位,使它失去生殖能力,然后释放这种不育雄蜱,促使蜱的自然种群不断衰减,最终达到灭蜱效果。

已发现膜翅目跳小蜂科的几种寄生蜂的雌蜂能在某些硬蜱、血蜱、璃眼蜱和扇头蜱的若蜱体内产卵,虫卵在蜱体内发育为成虫后飞出。其在1个若蜱体内可寄生2~24个虫卵,蜱被寄生后不久便会死去。猎蝽科昆虫可将吻刺入蜱的盾板下或假头基与躯体相连处,致蜱死亡。另外,白僵菌、绿僵菌、烟曲霉等真菌可引起实验室培养的边缘革蜱和钝糙璃眼蜱死亡。

第七节 生物安全措施

生物安全措施就是为阻断致病病原(病毒、细菌、真菌、寄生虫)侵入羊群群体,为保证羊的健康安全而采取的一系列疫病综合防范措施,是较经济、有效的疫病控制手段。

一、羊场的隔离设施和设备

(一)主要隔离消毒设施

没有良好的隔离消毒设施就难以保证有效的隔离和卫生。隔离消毒设施主要包括围墙(围栏、防疫沟、绿化带等)、消毒池、消毒室等。

羊场的围墙或围栏,能将羊场从周围环境中明确划分出来,并起到限制场外人员、动物、车辆等自由进出养殖场的作用。围墙外应建立绿化隔离带,场门口应设警示标志。

(二)兽医室

兽医室通常设在隔离区,包括兽药保存室和检测操作室。要求房屋布局合理,通风、采光良好,便于各种操作;室内具有上、下水管道和设施;具有能够承受一定负荷的电源;房屋内墙、地板应防水,便于消毒;操作台面要防水并耐酸、碱、有机溶剂等。

兽药保存室主要用于药品的存放,必须配备冰箱等低温和冷冻保存设备。

检测操作室的类型可根据养殖规模决定。5000只以上规模的羊场,可设置剖检室、样品保藏室、病原和血清检测室、分子生物学检测室等,每间检测室的建筑面积按10~20m² 建造。5000只以下规模的羊场,可在一间检测操作室内设置各个分区,按建筑面积10~30m² 建造。检测操作室必须配备的仪器设备有冰箱、冰柜、生物显微镜、高压灭菌锅、消毒柜、手术器械、产科设备等;可选择配备酶标仪、培养箱、纯水生产系统、酸度计、水浴锅、电子天平、微量移液枪等。

(三)药浴设备

1.固定式药淋装置

固定式药淋装置可同时容纳100只以上的羊进行药浴,使用方便,在实际生产中的效果也较好,但对规模较大的羊场不适用。

2.药浴池

没有淋浴装置或流动式药浴设备的羊场,应在不对人、畜、水源、环境造成污染的地点建药浴池。药浴池一般为长方形水沟状,用水泥筑成,池长 5～10m,深 0.8～1m,上口宽 0.6～0.8m,底宽 0.4～0.6m,以单羊通过而不能转身为宜。池的入口端为陡坡,方便羊只迅速进入;出口端为台阶式缓坡,以便浴后羊只攀登。

农户的小型羊场药浴池一般可修建在羊舍周围,长度为 1～1.2m,宽度为 0.6～0.8m,深度为 0.8m。

二、消毒

消毒是指运用各种方法消除或杀灭传染源散播于外界环境中的各类病原体(包括寄生虫的虫卵、卵囊等),以减少病原体对环境的污染,切断传播途径,达到有效防止疾病发生和传播,控制羊感染病原体和发病的目的,进而达到控制和消灭疾病、保护养羊业健康发展、保障人民身体健康的目的,是羊场生物安全防护的重要一环。

(一)消毒方法

1.物理消毒

物理消毒是用物理因素杀灭或消除病原微生物及其他有害微生物的方法。常用的方法有机械除菌、热力消毒、紫外线辐射等。其中常用的是热力消毒,可分为干热消毒(包括焚烧、干烤灭菌等)和湿热消毒(包括煮沸消毒、高压蒸汽灭菌等)。

2.化学消毒

化学消毒是使用化学药物杀灭或消除外界环境中病原微生物或寄生虫的消毒方法。常用的消毒剂有甲醛、戊二醛、环氧乙烷、碘制剂、复合酚、漂白粉、新洁尔灭、氢氧化钠溶液等。

3.生物消毒

生物消毒是利用某种生物杀灭或消除致病微生物的方法。常用的方法是生物热消毒技术,发酵是粪便最常用的消毒方法。

(二)常用消毒药物及使用方法

应选择对羊和人安全、无残留,不对设备造成破坏,不会在羊体内产生有害积累的消毒药。羊场常用的消毒药物有:

1.醛类消毒剂

醛类消毒剂是使用最早的一类化学消毒剂,这类消毒剂性能稳定、容易保存和运输、腐蚀性弱、价格便宜、抗菌谱广、杀菌作用强,具有杀灭病毒、细菌、芽孢、真菌的作用,被广泛用于畜禽舍的环境、用具、设备的消毒,尤其是对疫源地芽孢的消毒。

①甲醛。易溶于水和醇,在水中有较好的稳定性,有刺激性,特臭,久置变浑浊。适用于环境、笼舍、用具、器械、污染物品的消毒,常用的方法为喷洒、浸泡、熏蒸。一般以 2%福尔马林消毒器械,浸泡 1～2h。用 5%～10%福尔马林喷洒畜禽舍环境或每立方米空间用福尔马林 25mL,水 12.5mL 加热(或加等量高锰酸钾)熏蒸 12～24h 后开窗通风。本品对眼睛和呼吸道有刺激作用,消毒时应穿戴口罩、手套、防护服等防护用具,熏蒸时人

员、动物不可停留于消毒空间。

②戊二醛。为无色挥发性液体,可高效、广谱、快速杀灭各种微生物,杀菌性优于甲醛2～3倍。适用于圈舍的环境、用具、器械、污染物品、粪便等的消毒,常用的方法为浸泡、冲洗、清洗、喷洒等。2％碱性戊二醛溶液用于消毒诊疗器械,熏蒸用于消毒物体表面。2％碱性水溶液杀灭细菌繁殖体及真菌需 10～20min,杀灭芽孢需 4～12h,杀灭病毒需10min。使用戊二醛消毒后的物品应及时用清水去除残留物质。本品对皮肤、黏膜有刺激作用,亦有致敏作用,操作时应做好自身保护,注意防腐蚀。可以带动物使用,但空气中最高允许浓度为 0.05mg/kg。戊二醛在 pH 小于 5 时最稳定,在 pH 为 7～8.5 时杀菌作用最强。

2.卤素及含卤化合物类消毒剂

(1)含氯消毒剂

这类消毒剂具有广谱、高效、价格低廉、使用方便等优点,对细菌、芽孢、病毒均有杀灭作用。其缺点是在养殖场应用时受有机质、还原物质和 pH 值的影响大,在 pH 值为 4时,杀菌作用最强;pH 值为 8 以上时,则失去杀菌活性。

①漂白粉。白色颗粒状粉末,主要成分是次氯酸钙,含有效氯 25％～32％,应保存在密闭容器内,放在阴凉、干燥、通风处。在保存过程中,一般有效氯每月会减少 1％～3％。杀菌谱广,作用强,对细菌、芽孢、病毒等均有效,但不持久。漂白粉干粉可用于地面和排泄物的消毒,其水溶液可用于圈舍、畜栏、饲槽、车辆、饮水、污水等的消毒。饮水消毒用0.03％～0.15％漂白粉溶液,喷洒、喷雾用 5％～10％漂白粉溶液,也可用干粉撒布。本品对金属制品有腐蚀性,对组织有刺激性,操作时应做好防护。

②次氯酸钠。无色至浅黄绿色液体,具有强氧化性,可氧化 Fe^{2+} 呈红色,含有效氯10％～12％。为高效、快速、广谱消毒剂,可有效杀灭细菌、芽孢、病毒、真菌等各种微生物。饮水消毒,每立方米水 30～50mg,作用 30min;环境消毒,每立方米水 20～50g,搅匀后喷洒、喷雾或冲洗;饲槽、用具等消毒,每立方米水 10～15g,搅匀后刷洗并作用 30min。本品对皮肤、黏膜有较强的刺激作用。水溶液不稳定,遇光和热都会加速分解,应避光密封保存,宜现配现用。

③二氯异氰尿酸钠。白色晶体,性质稳定,含有效氯 60％～64％,具有广谱、高效、低毒、无污染、易于运输、水溶性好、使用方便、使用范围广等优点,能有效、快速杀灭各种细菌、芽孢、真菌等。饮水消毒,每立方米水 10mg,作用 30min;环境消毒,每立方米水 1～2g,搅匀后喷洒地面、圈舍;饲槽、用具等消毒,每立方米水 2～3g,搅匀后刷洗并作用30min;粪便等排泄物、污物等消毒,每立方米水 5～10g,搅匀后浸泡 30～60min。可带畜、禽喷雾消毒。本品的水溶液不稳定,有较强的刺激性,对金属有腐蚀性。

④三氯异氰尿酸。白色结晶粉末,微溶于水,易溶于丙酮和碱溶液,是一种高效的消毒杀菌漂白剂,含有效氯 89.7％。特别适用于饮水消毒及传染病疫源地的消毒杀菌。

(2)含碘消毒剂

含碘消毒剂包括碘及以碘为主要杀菌成分制成的各种制剂,常用于皮肤、黏膜的消毒和手术器械的灭菌。

①碘酊。碘酊是一种温和的碘消毒剂,一般配成 5％(W/V)。常用于免疫、注射部

位、外科手术部位皮肤和母畜的乳房皮肤或黏膜消毒。

②碘伏。碘伏高效、快速、低毒、广谱，对各种细菌、芽孢、病毒、真菌、螺旋体、衣原体、滴虫等有较强的杀灭作用。饮水消毒，每立方米水加 5%碘伏 0.2g；黏膜消毒，用 0.2%碘伏溶液直接冲洗阴道、子宫、乳室等；清创处理，用 0.3%～0.5%碘伏溶液直接冲洗创口、清洗伤口分泌物。也可用于临产前母畜乳头、会阴部位的清洗消毒。

③聚维酮碘（聚乙烯吡咯烷酮碘）。对细菌、病毒和真菌均有良好的杀灭作用，主要用于手术部位、皮肤、黏膜的消毒，也可用于带羊环境消毒。0.5%～1%溶液用于乳头浸泡消毒，0.1%溶液用于黏膜及创面冲洗消毒，5%溶液用于皮肤消毒。

3.氧化剂类消毒剂

这类消毒剂具有强氧化能力，各种微生物对其十分敏感，可将所有微生物杀灭。

①过氧乙酸。一种无色或淡黄色的透明液体，易挥发、分解，有很强的刺激性醋酸味，易溶于水和有机溶剂。杀菌快且作用强，对细菌、芽孢、病毒、霉菌均有效。常用 0.2%～0.5%过氧乙酸对栏舍、饲槽、用具、车辆、地面及墙壁进行喷雾消毒。过氧乙酸被稀释后不能放置时间过长，须现用现配。因其有强腐蚀性、较大的刺激性，配制、使用时应戴防酸手套、防护镜，严禁用金属容器盛装。

②过氧化氢。强腐蚀性、微酸性、无色透明液体，可快速灭活细菌、芽孢、病毒、真菌等多种微生物。畜禽舍空气消毒时使用 1.5%～3%过氧化氢喷雾，每立方米 20mL，作用 30～60min，消毒后进行通风。过氧化氢有强腐蚀性，避免用金属容器盛装；配制、使用时应戴防护手套、防护镜，须现用现配；成品应避光保存，严禁暴晒。

③高锰酸钾。强氧化剂，可有效杀灭细菌、芽孢、真菌及部分病毒。0.1%高锰酸钾溶液用于肠道疾病的消毒，0.5%高锰酸钾溶液用于皮肤、黏膜和创伤的消毒，4%高锰酸钾溶液用于饲槽、用具的消毒。

4.烷基化气体消毒剂

烷基化气体消毒剂是一类主要通过对微生物的蛋白质、DNA 和 RNA 进行烷基化作用而将微生物灭活的消毒剂。其主要包括环氧乙烷、环氧丙烷、溴化甲烷等，其中环氧乙烷的应用比较广泛。

环氧乙烷在常温常压下为无色气体，具有芳香的醚味，当温度低于 10.8℃时，气体液化。环氧乙烷液体无色透明，极易溶于水，遇水产生有毒的乙二醇。常用于皮毛、塑料、医疗器械、用具、包装材料、圈舍、仓库等的消毒或灭菌，不用于饮水消毒，属于高效消毒剂。当工作人员发生头晕、头痛、呕吐、腹泻、呼吸困难等中毒症状时，应立即将其移离现场，脱去污染衣物，让其注意休息、保暖，加强监护。如环氧乙烷液体沾污皮肤，应立即用大量清水或 3%硼酸溶液反复冲洗。皮肤症状较严重或不缓解的，应去医院就诊。眼睛被污染者，用清水冲洗 15min 后点四环素可的松眼膏。

5.酚类消毒剂

这类消毒剂受有机物影响小，适用于养殖环境消毒。其 pH 值越低，消毒效果越好，遇碱性物质则消毒效果受影响。由于酚类化合物有气味滞留，对人畜有害，不宜用于养殖期间的消毒，在畜禽体表消毒方面也受到限制。另外，国外已研制出可专门杀灭鸡球虫的邻位苯基酚。

①石炭酸(苯酚)。带有特殊气味的无色或淡红色针状、块状或三棱形结晶,可溶于水或乙醇。性质稳定,可长期保存。可有效杀灭细菌繁殖体、真菌和部分亲脂性病毒。常将3%～5%石炭酸溶液用于环境、物体表面和器械浸泡消毒。本品具有一定毒性和不良气味,不可直接用于黏膜消毒;能使橡胶制品变脆、变硬;对环境有一定污染。

②煤酚皂溶液(来苏尔)。黄棕色至红棕色黏稠液体,为甲醛、植物油、氢氧化钠的皂化液,含甲酚70%。可溶于水及醇溶液,能有效杀灭细菌繁殖体、真菌和大部分病毒。1%～2%溶液用于手、皮肤消毒,作用3min,目前已较少使用;3%～5%溶液用于圈舍地面、墙壁、用具、器械消毒;5%～10%溶液用于环境、排泄物及实验室废弃物细菌材料的消毒。煤酚皂溶液对黏膜和皮肤有腐蚀作用,需稀释后使用。

③复合酚(农乐、菌毒敌)。这类消毒剂是一种新型、广谱、高效、无腐蚀性的消毒剂,国内的同类商品较多。主要用于栏舍、设备、器械、场地的消毒。环境消毒,常规预防消毒的稀释配比为1∶300,药效可维持5～7d。被病原污染的场地及运载车辆可用1∶100喷雾消毒。严禁与碱性药品或其他消毒液混合使用,以免降低消毒效果。

6. 季铵盐类消毒剂

这类消毒剂为阳离子表面活性剂,性能稳定,pH值为6～8时,受pH值变化影响小,碱性环境能提高药效,具有除臭、清洁和表面消毒的作用。

①苯扎溴铵(新洁尔灭)。淡黄色胶状液体,具有芳香气味,极苦,易溶于水和乙醇,性质较稳定,价格低廉,市售产品的浓度为5%。0.05%～0.1%新洁尔灭溶液用于手术前洗手消毒,皮肤及黏膜消毒;0.15%～2%溶液用于圈舍空间喷雾消毒。苯扎溴铵应现配现用,且应确保容器清洁,不宜用于污染物品、排泄物的消毒。

②度米芬(消毒宁)。白色或黄色的结晶片剂或粉剂,味微苦而带皂味,能溶于水或乙醇,性能稳定。其杀菌范围及用途与新洁尔灭相似。

③百毒杀。为双链季铵盐类广谱杀菌消毒剂,具有毒性低、无刺激性、无不良气味等特点,可用于栏舍、环境、用具、饮水器、车辆的消毒,药效可维持10d左右。饮水消毒,预防量按有效药量的10000～20000倍稀释;发生疫病时可按5000～10000倍稀释;圈舍及环境、用具消毒,预防量按3000倍稀释;发生疫病时按1000倍稀释。

7. 醇类消毒剂

这类消毒剂具有杀菌作用,随着分子量的增加,杀菌作用增强,但分子量过大时,水溶性降低,反而难以使用。实际工作中以乙醇使用最为广泛。

①乙醇(酒精)。无色透明液体,有较强的酒气味,在室温下易挥发、易燃。可快速、有效地杀灭细菌、病毒、真菌等多种微生物,但不能杀灭细菌芽孢。75%乙醇常用于皮肤消毒、物体表面消毒、诊疗器械和器材擦拭消毒及皮肤脱碘。

②异丙醇。无色透明、易挥发、可燃性液体,具有类似乙醇和丙酮的混合气味。其杀菌效果和作用机制与乙醇类似,杀菌效力比乙醇强,但毒性比乙醇高,只能用于物体表面及环境消毒。可杀灭细菌繁殖体、病毒、真菌等,但不能杀灭细菌芽孢。常用50%～70%水溶液擦拭或浸泡5～60min。

8. 胍类消毒剂

①氯己定(洗必泰)。白色结晶粉末,无臭但味苦,微溶于水和乙醇,碱性。杀菌谱与

季铵盐类相似,具有广谱抑菌作用,对细菌繁殖体、真菌有较强的杀灭作用,但不能杀灭细菌芽孢、病毒等。0.02%～0.05%水溶液常用于饲养人员、手术前洗手消毒,浸泡 3min;0.05%水溶液用于冲洗创伤;0.01%～0.1%水溶液可用于阴道、膀胱等的冲洗。0.5%洗必泰在 70%酒精作用及碱性条件下,灭菌效力增强,可用于术部消毒。但有机质、肥皂、硬水等会降低其活性。配制好的水溶液最好在 7d 内用完。

②盐酸聚六亚甲基胍。白色无定形粉末,无特殊气味,易溶于水,水溶液无色至淡黄色。对细菌和病毒有较强的杀灭作用,作用快速,稳定性好,无毒,无腐蚀性,可降解,对环境无污染。用于饮水、水体消毒及皮肤黏膜和环境消毒,一般浓度为 2000～5000mg/L。

9.其他化学消毒剂

①氢氧化钠(火碱、烧碱、苛性钠)。碱性消毒剂,对细菌和病毒均有强大杀灭力,对细菌芽孢、寄生虫卵也有杀灭作用。1%氢氧化钠溶液主要用于玻璃器皿的消毒,2%～5%氢氧化钠溶液主要用于发生疫病时,场地、污物、粪便等的消毒。本品对金属、油漆物品均有较强的腐蚀性,消毒时应注意防护。物品消毒 12h 后用清水冲洗干净后方可使用。

②生石灰(氯化钙)。白色块状或粉状,加水后放热并形成氢氧化钙,呈强碱性。本品可杀死多种繁殖型病菌,但对芽孢无效。常用 10%～20%石灰乳对圈舍、地面、墙壁、环境、粪便及污水沟等进行消毒。生石灰应干燥保存,放置时间过长则会从空气中吸收二氧化碳变成碳酸钙,从而失效;石灰乳应现配现用,最好当天用完。

③草木灰(农家烧柴草的白灰)。常用 20%～30%草木灰对圈舍、料槽、用具进行消毒。

(三)消毒措施

1.常规消毒管理

常规消毒管理,即清扫或刷洗。机械清扫是搞好羊舍环境最基本的方法。研究表明,采用清扫方法,可使舍内的细菌数减少 20%左右,再用清水刷洗,则舍内细菌数可减少50%以上。为了避免尘土及微生物飞扬,应先用水或消毒液喷洒,然后进行清扫。扫除的粪便、垫料、剩余饲料、灰尘、蜘蛛网、尘土等应集中进行生物热发酵。清除污物后,如是水泥地面,还应再用清水进行洗刷。

2.圈舍消毒

圈舍消毒,即用消毒药物进行喷洒或熏蒸。

消毒时应按一定的顺序进行,一般从离门远处开始,以墙壁、棚顶、地面的顺序喷洒一次,再从内向外将地面重复喷洒一次。消毒液的用量,羊舍内以 1L/m³ 药液配制,根据药物用量说明来计算;泥土地面、运动场以 1.5L/m³ 左右用药液计算。常用的消毒药有10%～20%石灰乳、10%漂白粉溶液、0.5%～1%菌毒敌(原名农乐)、0.5%～1%二氯异氰尿酸钠、0.5%过氧乙酸等。

消毒时将消毒液盛于喷雾器内,喷洒墙壁、棚顶、地面,关闭门窗 2～3h,然后打开门窗通风换气,再用清水刷洗饲槽等饲养用具,将消毒药味除去。如羊舍有密闭条件,可关闭门窗,用福尔马林熏蒸消毒 12～24h,然后开窗通风 24h。福尔马林的用量为每立方米空间 12.5～50mL,加等量水一起加热蒸发,无热源时,加入高锰酸钾(每立方米 7～25g),即可产生高热蒸发。

在一般情况下,羊舍消毒每年进行两次(春、秋季各一次)。产房的消毒,在产羔前应进行一次,产羔高峰时进行多次,产羔结束后再进行一次。在病羊舍、隔离舍的出入口处应放置浸有消毒液的麻袋片或草垫,消毒液可用2%～4%氢氧化钠、1%菌毒敌或用10%煤馏油酚(克辽林)溶液。育肥羊出栏后,先用0.5%～1%菌毒杀对羊舍进行消毒,再清除羊粪。用3%氢氧化钠溶液喷洒舍内地面,用0.5%过氧乙酸喷洒墙壁。打扫完羊舍后,用0.5%过氧乙酸或10%漂白粉溶液等交替消毒,每次间隔1d。

3.饮水消毒

羊的饮水应符合畜禽饮用水水质标准,水槽内的水应每隔3～4h更换一次,水槽和饮水器要定期消毒,饮水可用含氯消毒剂进行消毒。

4.粪便清理与处理

(1)正常羊粪便处理

每天将羊舍及运动场的粪便及时清理,并将粪便堆积进行生物热发酵,这是粪便处理最常用的方法。在距羊舍、水池和水井100～200m,且无斜坡通向任何水池的地方进行。挖一宽1.5～2.5m,两侧深度各20cm的坑,长度视粪便量的多少而定。在粪堆外再堆上10cm厚的泥土。堆肥过程中产生的高温(50～70℃)可使病原微生物和寄生虫虫卵死亡(蠕虫卵和幼虫在50～60℃的高温作用1～3min后即可被杀灭)。密封发酵2～4个月后,可直接用作肥料或生产有机无机复合肥。

(2)病羊粪便处理

通常有掩埋法、焚烧法及化学消毒法。掩埋法是将病羊粪便与漂白粉或新鲜生石灰混合,埋于地下2m左右处。焚烧法是将粪便再加一些干草,用汽油或酒精点燃。化学消毒法常用10%～20%漂白粉溶液、0.5%～1%过氧乙酸、20%石灰乳等对粪便进行消毒。使用时应注意搅拌,使消毒剂浸透、混匀。由于粪便中有机物含量较高,故不宜使用凝固蛋白质性能强的消毒剂,以免影响消毒效果。

5.污水消毒

最常用的方法是将污水引入污水处理池,加入漂白粉或其他氯制剂进行消毒。消毒药的用量视污水量而定,一般1L污水用2～5g漂白粉。如果污水量小,可拌洒在粪便中堆积发酵。

6.人员消毒

饲养管理人员应经常保持个人卫生,定期进行人畜共患病的检疫,并进行免疫接种。如发现患有危害羊及人的传染病的人,应及时调离,以防传染。

饲养人员进入羊舍时,应穿清洁的工作服、胶靴等。工作服、胶靴等应定期清洗、更换,清洗后的工作服晒干后应用消毒剂熏蒸消毒20min,胶靴用3%～5%来苏尔浸泡。所有进入生产区的人员,必须坚持在场区门前踩踏3%氢氧化钠溶液池或接受紫外线照射5～10min、去更衣室更衣、用消毒液洗手。条件具备时,要先沐浴、更衣,再经消毒后才能进入羊舍内。

7.环境消毒

羊舍周围环境每2～3周用2%氢氧化钠溶液消毒或撒生石灰一次,场周围及场内下水道出口每月用漂白粉消毒一次。每隔1～2周,用2%～3%氢氧化钠溶液喷洒道路消毒。

圈舍地面消毒可用含 2.5% 有效氯的漂白粉溶液、4% 福尔马林或 10% 氢氧化钠溶液。

8. 用具和垫料消毒

定期对水槽、料槽、饲料车等进行消毒。一般先将用具冲洗干净,再用 0.1% 新洁尔灭溶液或 0.2%～0.5% 过氧乙酸消毒,然后将其放置于密闭的室内进行熏蒸。

将垫草等放在烈日下暴晒 2～3h 能杀灭多种病原微生物。

9. 带羊消毒

定期进行带羊消毒,有利于减少环境中的病原微生物,减少疾病发生。常用的药物有 0.2%～0.3% 过氧乙酸,每立方米空间用药 20～40mL,也可用 0.2% 次氯酸钠溶液或 0.1% 新洁尔灭溶液。0.5% 以下浓度的过氧乙酸对人、动物无害,为了减少对工作人员的刺激,在消毒时可佩戴口罩。一般情况下每周消毒 1～2 次,在春、秋疫情常发季节,每周消毒 3 次,在发生疫情时,每天消毒 1 次。带羊消毒时可以交替使用不同化学结构的消毒药。

(四)提高消毒效果的措施

1. 选择合格的消毒剂

选择易溶于硬水,无残毒,对被消毒物无损伤,在空气中较稳定,且使用方便、广谱、快速、高效的消毒剂。要检查消毒剂的标签和说明书,看是否是合格产品,是否在有效期内。另外,应定期更换使用过的消毒剂,避免病原体产生耐药性,以保证良好的消毒效果。

2. 选择适宜的消毒方法

根据不同的消毒环境、消毒对象、被消毒物的种类等具体情况,选择高效可行的消毒方法。

3. 按要求科学配制消毒剂

使用前,要按说明书要求严格配制实际所需的浓度。配制时,要注意选择稀释后对消毒效果影响最小的水,以及稀释后适宜的浓度和温度等。还应注意有些消毒剂要现配现用,配好的药液不宜久贮。

4. 科学消毒

一般使用稀释好的消毒剂直接进行第一次消毒,待消毒剂作用一定时间后,清洁被消毒物上的有机质或其他污物,再用消毒剂消毒一次。这样既保证了消毒效果,又避免了病原体扩散的潜在危险。要掌握好消毒作用时间,当接触时间过短时,往往达不到杀灭病原体的目的。

不要随意把两种或两种以上的消毒剂混合使用,以免出现配伍禁忌而产生拮抗现象,降低消毒效果。

5. 严把人员、车辆、物品进出的消毒关

必须严格控制场外人员进出,定期更换消毒池中的消毒液,以防其挥发后失效。车辆、饲养工具及有关物品等的进出要经过严格消毒。

6. 做好消毒工作记录

将养殖场消毒工作人员、被消毒物、消毒剂品种、配制浓度、消毒方法、消毒时间等详细情况(数据)记入"消毒工作记录",以便总结查找。

三、建立生物安全制度

(一)门卫制度

场内工作人员进入场区时,应在场区门前踩踏3%氢氧化钠溶液或5%来苏尔溶液池、去更衣室更衣、用消毒液洗手后,才能进入场区。工作完毕,必须经过消毒后方可离开现场。

非场内工作人员一律禁止进入场区,严禁参观场区。

外来人员需经兽医同意、场长批准后更换工作服、鞋、帽,经消毒室消毒后方可进入场区。

严禁外来车辆入内,因生产或业务需要必须进入时,车辆应经过全面消毒后方可入内。在生产区使用的车辆、用具,一律不得外出,更不得私用。

(二)消毒制度

要建立定期消毒制度。消毒工作应贯穿于各个环节,应每周对羊舍内外环境进行清扫、消毒,至少半月用药物进行一次消毒。

消毒由兽医总体负责,包括消毒药物的选择、用法及用量。羊舍、运动场的消毒由各饲养员具体操作,草料棚及周围的消毒由饲料生产人员操作,用具、道路等环境的消毒由兽医操作,生活管理区的消毒由门卫负责具体操作。

四、做好防虫工作

(一)昆虫的危害

1.直接危害

目前,对动物危害较大的昆虫主要有蚊、蝇、蠓、虻、蚋、白蛉、虱、蚤、螨、蜱、蟑螂和其他害虫等。它们通过直接叮咬造成动物机体局部损伤、发炎、奇痒、过敏,从而影响动物休息,降低其机体免疫功能。

2.传播疫病

叮咬动物会传播疾病,如蚊可传播疟疾、流行性乙型脑炎、丝虫病、登革热、黄热病等,蝇可传播脑脊髓炎、伊氏锥虫病、炭疽等,蟑螂可传播肠道传染病、美丽筒线虫病等。

(二)防虫灭虫的方法

1.搞好养殖场环境卫生

保持环境清洁、干燥,是减少或杀灭蚊、蝇、蠓等节肢动物的基本措施。如蚊需在水中产卵、孵化和发育,蝇蛆需在潮湿的环境及粪便等污物中生长。因此,应填平无用的污水池、土坑、水沟和洼地。保持排水系统通畅,对阴沟、沟渠等进行定期疏通,勿使污水蓄积。羊舍内的粪便应及时清除,贮粪池应加盖并保持四周环境的清洁。

2.物理杀灭

采用拍打、捕捉等机械方法以及光、声、电等物理方法捕杀、诱杀或驱逐蚊、蝇、蜱等。

3.药物杀灭

使用天然或合成的杀虫剂毒杀或驱逐昆虫,要选择高效、速杀、长效、广谱、低毒、无害、低残留和价格实惠的杀虫剂。该方法具有使用方便、见效快等优点,是当前杀灭蚊、蝇较好的方法。

4. 生物杀灭

利用天敌、细菌、病毒及雄虫绝育等方法杀灭昆虫。如池塘养柳条鱼即可达到利用鱼类灭蚊的目的,一条鱼每天能吞食 200～300 只蚊幼虫;还可应用细菌制剂——内毒素,杀灭蚊的幼虫,效果良好。

五、做好灭鼠工作

(一)鼠的危害

鼠是许多疾病的贮藏宿主,通过排泄物污染、机械携带及直接咬伤畜、禽的方式,可传播多种疾病,如鼠疫、钩端螺旋体病、流行性出血热等。

(二)防鼠措施

1. 防止鼠进入建筑物

鼠常从墙基、顶棚、屋顶等处进入室内,修建时墙角最好用水泥浇筑,墙面应平直、光滑,防止鼠沿粗糙墙面攀登。砌缝不严的空心墙体,易使鼠隐匿营巢,要填补抹平。为防止鼠爬上屋顶,可将墙角处做成圆弧形。墙体上部与顶棚衔接处应砌实,不留空隙。瓦顶房屋应缩小瓦缝和瓦、椽间的空隙并填实。用砖、石铺设的地面,应衔接紧密并用水泥灰浆填缝。各种管道周围要用水泥填平。通气孔、地脚窗、排水沟(粪尿沟)的出口均应安装孔径小于 1cm 的铁丝网,以防止鼠进入。舍外的老鼠往往会通过上、下水道和通风口等处的管道空隙进入舍内,因此对这些管道的空隙要及时进行堵塞,防止鼠进入。羊舍和饲料仓库应是砖、水泥结构,要设立防鼠沟,建好防鼠墙,严密关闭门窗,围栏及墙体要抹光,堵塞孔隙。

2. 清理环境

鼠喜欢黑暗和杂乱的场所。因此,羊舍、加工厂等地的物品要放置整齐,使鼠不易藏身。羊舍周围的垃圾要及时清除,不能堆放杂物。在任何场所发现鼠洞都要立即堵塞。

3. 断绝食物来源

大量饲料应放置于饲料袋内,并置于距地面 15cm 的台或架上,少量饲料应放在水泥结构的饲料箱或大缸中,并且加盖金属盖,散落在地面的饲料要立即清扫干净,使老鼠无法接触到饲料,鼠才会离开圈舍;否则,鼠会聚集到圈舍取食。

(三)灭鼠措施

1. 器械灭鼠

利用各种工具捕杀鼠类,主要方法有夹、关、压、卡、翻、扣、淹、粘、电等。这些方法简单易行、效果可靠、费用低、安全,对人、畜无害。

2. 药物灭鼠

将化学药物加入饵料以灭鼠。要选择安全、高效、允许使用的灭鼠药物,禁止使用的灭鼠剂(如氟乙酰胺、氟乙酸钠、毒鼠强、毒鼠硅、伏鼠醇等)、已停产或停用的灭鼠剂(如安妥、砒霜、灭鼠优、灭鼠安)等,严禁使用。该方法使用方便、成本低、见效快,缺点是能引起人、畜中毒，有些老鼠对药剂有选择性、拒食性和耐药性。

投放毒饵时，要防止毒饵混入饲料中。另外，鼠尸应及时清理，以防被畜误食发生二次中毒。

六、病死羊尸体的无害化处理

1.深埋

在远离生活区、牧草地及道路，地势较高，地下水位低，并能避开水源、山洪冲刷的僻静地方挖一深坑将病死羊尸体掩埋。坑的深度为从尸体表面至坑沿不少于1.5~2.0m。放入尸体前，坑底铺垫2~5cm厚生石灰，尸体投入后，将污染的土壤一同放入坑内，然后再撒一层生石灰，最后覆盖土层与周围持平，填土不要太实，避免尸体腐烂过程中产生的气体冒出和液体渗漏。也可设置1个以上的安全填埋井，填埋井应为混凝土结构，深度大于3m，直径1m，井口加盖密封。进行填埋时，在每次投入尸体后，应覆盖一层厚度大于10cm的熟石灰，井填满后，须用黏土填埋压实并封口。

2.化制

将病死羊的尸体或胴体、内脏放入干化机或湿化机中进行化制，以达到消灭病原体和处理尸体的目的。

3.焚毁

将病死羊的整个尸体或割除下来的病变部分和内脏用密闭的容器运送到指定地点或焚化炉焚毁碳化。

第四章 羊蠕虫病防治

第一节 羊蠕虫病概述

羊蠕虫病是指由吸虫、绦虫和线虫引起的寄生虫病。

吸虫的形态学特点主要为体不分节、雌雄同体(除分体科吸虫外)。其背腹扁平,呈叶状,少数为线状或圆柱状;大小不一,长度为 0.1～75mm;体表光滑或有小刺等;颜色一般为乳白色、淡红色或棕红色。虫体前端有口吸盘,腹面有腹吸盘,有的种类腹吸盘在后端或没有腹吸盘。吸虫是生物源性寄生虫,发育史复杂,需要中间宿主,有的发育史需 2 个中间宿主。不同种类的吸虫,其中间宿主、发育阶段也有所不同。

绦虫的形态学特点主要为虫体呈带状,背腹扁平,黄色或乳白色,雌雄同体。虫体大小差异很大,自数毫米至 10m 以上。整个虫体分为头节、颈节和体节三部分。头节位于虫体的最前端,有的头节上有 4 个圆形的吸盘,对称地排列在头节的四面。有的绦虫头节顶端中央有顶突,能回缩或不能回缩,其上还有一排或数排小钩,具有吸附作用。有的绦虫在头节的背腹面各有一条沟样的吸槽。颈节紧靠头节后面,一般比头节细,不分节,体节的节片由此向后生出。体节位于颈节之后,由少则数个节片,多则数千个节片连接而成。根据节片发育程度的不同,将体节分成三类:未成熟节片(幼节)——靠近颈节的部分,生殖器官尚未发育成熟。成熟节片(成节)——幼节逐渐发育,至节片内生殖器官发育完成。孕卵节片(孕节)——成节发育至最后,子宫内充满虫卵。老的节片逐节或逐段从虫体后端脱离,新的节片不断形成。因此,绦虫仍能保持每个种别的固有长度与一定的节片数目。绦虫是生物源性寄生虫,发育史需中间宿主。

绦虫蚴较为特别,不同的虫种,绦虫蚴的大小、形态、寄生部位有明显的不同。如棘球蚴寄生在羊的肝脏和肺脏,呈硬包囊状;脑多头蚴寄生在脑和脊髓,呈囊泡状;细颈囊尾蚴寄生在腹腔内,呈囊泡状;羊囊尾蚴寄生在肌肉内,呈黄豆大小。羊是这些绦虫蚴的中间宿主,而犬、狼等肉食动物是这些绦虫蚴的终末宿主。绦虫成虫寄生在犬、狼等肉食动物的小肠中,虫卵随粪便排出体外,而羊因食入带有绦虫虫卵的草料感染绦虫蚴病。绦虫蚴终生寄生在羊的体内。感染绦虫蚴病的羊不会在羊群中传播绦虫蚴病,也不会向其他中间宿主(牛、猪、马等草食动物)传播。只有犬、狼等肉食动物食入绦虫蚴后,绦虫蚴才会在终末宿主体内发育为成虫。

　　线虫的形态学特点主要为虫体呈线状,粗细、长短不一,雌雄异体。寄生于羊的绝大部分线虫为土源性寄生虫,发育史不需中间宿主,少数需要中间宿主。线虫成虫寄生在羊的消化道、肺脏等处,虫卵或幼虫随粪便排出体外。虫卵在外界适宜的温度下发育为感染性虫卵或幼虫,羊在吃草时将感染性虫卵或幼虫食入,就会发生线虫病。

　　羊蠕虫病在我国非常普遍,危害十分严重。对于蠕虫病的诊断,可以从两方面入手:一是羔羊对蠕虫病易感,症状明显。感染蠕虫病的羔羊常出现生长缓慢、消瘦、被毛粗乱等症状,常伴有腹泻,此时应考虑羔羊患有蠕虫病。二是对怀疑有蠕虫病的羊(表现为生长缓慢、消瘦、腹泻等),可采集粪便进行粪便检查。根据检查结果购买驱虫药对羊进行驱虫治疗。

第二节　羊常见吸虫病

　　羊体常见的吸虫主要包括寄生在肝脏、胆管的肝片形吸虫、大片形吸虫、矛形双腔吸虫、中华双腔吸虫,寄生在胰脏的胰阔盘吸虫、腔阔盘吸虫和枝睾阔盘吸虫,寄生在瘤胃的前后盘吸虫,寄生在血管中的血吸虫,寄生在小肠的绵羊斯克里亚平吸虫和裂叶吸虫。

一、羊片形吸虫病

　　羊片形吸虫病又称为羊肝蛭病,是由于片形科片形属的肝片形吸虫、大片形吸虫寄生于羊的肝脏胆管内,能引起急性或慢性肝炎和胆管炎,同时伴发全身中毒现象及营养障碍等病症的一种人畜共患寄生虫病。该病是我国分布最广、危害最严重的寄生虫病。人感染片形吸虫可引起发热、腹痛、黄疸等症状,严重者甚至危及生命。该病也是羊最主要的寄生虫病,危害相当严重,尤其对羔羊和绵羊,可引起大批死亡。

(一)病原

　　肝片形吸虫虫体背腹扁平,外观呈柳树叶状,成熟虫体长 20～40mm、宽 8～13mm。新鲜虫体呈棕红色(图 4-1),固定后变为灰白色(图 4-2)[1]。虫体前端有一圆锥形突起的头锥,头锥后方变宽,形成肩部,从肩部以后逐渐变窄。体表有许多小刺。口吸盘位于头锥的前端,口孔位于口吸盘中央。腹吸盘较口吸盘大,位于虫体腹面肩部水平线中部。生殖孔开口于腹吸盘前方。两个睾丸呈分枝状,前后排列于虫体的中后部。卵巢呈鹿角状,位于腹吸盘后的右侧。虫卵较大,大小为 $(130～150)\mu m×(70～90)\mu m$,呈长卵圆形,黄褐色,前端较窄,卵盖不明显,后端较钝。卵壳较薄,半透明,卵内有许多卵黄细胞和一个胚细胞。

---

　　[1]　本章彩图可扫描本章末尾二维码观看。

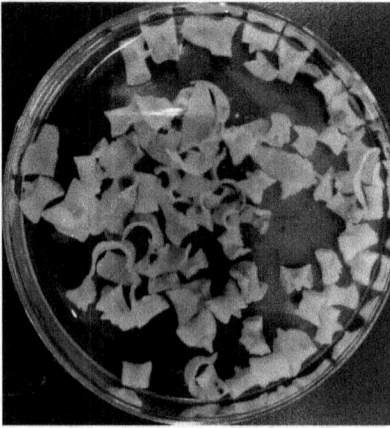

图 4-1　鲜活肝片形吸虫

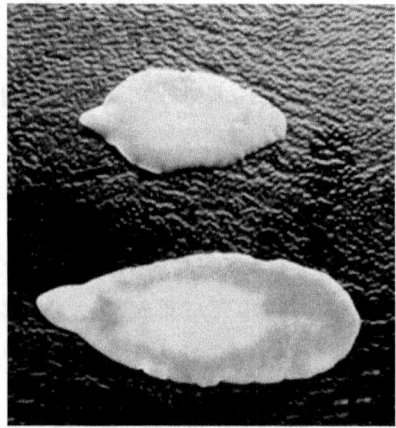

图 4-2　固定后的肝片形吸虫

大片形吸虫形态基本与肝片形吸虫相似,只是身体较窄、较长,呈长叶状,虫体长25～76mm、宽5～12mm,前端无显著的头锥突起,肩部不明显;虫体两侧缘几乎平行,前后宽度变化不大,后端钝圆。虫卵略大,深黄色,大小为(150～190)μm×(75～90)μm,一端有卵盖。

(二)病原生活史

片形吸虫的成虫寄生在羊及其他动物的胆管内,不断排出的虫卵随胆汁进入消化道,并与粪便混合,然后随粪便排出体外。虫卵在适宜的温度(15～30℃)和充足的氧气、水分(pH 为 5.0～7.5)及光照条件下,经 10～25d 孵出毛蚴。毛蚴在水中游动,通常只能生存1～2 个昼夜,如遇中间宿主椎实螺(小土蜗、截口土蜗、椭圆萝卜螺及耳萝卜螺),则钻入其体内,经无性生殖,发育成胞蚴、母雷蚴、子雷蚴,最后形成大量的尾蚴。尾蚴离开螺体附着在水生植物或水面上脱掉尾部,形成囊蚴。当羊等终末宿主在吃草或饮水时食入带有囊蚴的草、水就会被感染。囊蚴进入羊的消化道,在十二指肠内其幼虫脱囊而出,一部分童虫穿过肠壁,进入腹腔,经肝包膜进入肝脏,经移行到达胆管,发育为成虫。另一部分童虫钻入肠壁静脉,经门静脉入肝脏,穿过血管进入肝组织移行,经数周后到达胆管,发育为成虫。还有一部分通过十二指肠胆管开口处逆行而上,到达胆管。

自囊蚴进入羊体并在胆管内发育为成虫需 2.5～4 个月,成虫在羊体内可存活 3～5年,但大多数虫体 1 年左右可被羊排出体外。

(三)流行特点

片形吸虫寄生的宿主范围广泛,除羊外,还可寄生于牛、猪、马、犬、猫、驴、兔、猴、骆驼、象、熊、鹿等动物,人亦可遭受感染。各品种、性别、年龄的羊均能感染,羔羊和绵羊的病死率高。

肝片形吸虫病呈世界性分布,多呈地方性流行,感染率为 5%～45.97%。大片形吸虫主要分布于热带和亚热带地区,在我国多见于南方各省(自治区、直辖市)。

经口感染是片形吸虫病的唯一感染途径。在河流,山川,小溪,低洼、潮湿、多沼泽地带放牧的羊群易感染片形吸虫病。在低洼、潮湿的沼泽地,有羊的粪便污染环境,又有椎实螺类的存在,羊吃草时便较易造成感染;舍饲的羊群可因食用从低洼、潮湿牧地割来的牧草而受感染。

温度、水和椎实螺是片形吸虫病流行的重要因素。虫卵的发育以及椎实螺的存活与繁殖都与温度和水有直接的关系。因此,片形吸虫病的发生和流行及其季节动态与各地区的地理气候条件有密切关系。故片形吸虫病感染多发生在温暖多雨的夏、秋季节,6—9月为高发季节。

(四)临床症状

羊临床症状主要取决于感染虫体的数量,羊的品种、年龄、体质及饲养管理等。一般感染虫体的数量多,羊年龄小、体质弱,饲养管理条件差会使羊发病的症状较重,反之则症状较轻。

羊轻度或中度感染,若羊的体况较好,一般不表现临床症状,感染虫体数量多时表现症状,但羔羊即使轻度感染也可能表现症状。一般绵羊体内寄生有50条以上的虫体就会表现出明显的临床症状。

根据病期临床症状一般可分为急性型和慢性型两种类型。

急性型(童虫寄生阶段):主要发生于夏末和秋季,多发生于绵羊。羊由于短时间内吞食大量囊蚴(2000个以上),所以会在吞食囊蚴后2~6周发病。病羊食欲不振或食欲废绝,精神沉郁,有轻度发热,体温升高到40.0~41.5℃,不愿活动,放牧时离群落后,偶尔有腹泻,有些病例在出现症状后3~5d死亡。

慢性型(成虫寄生阶段):吞食囊蚴4~5个月时发生,多发于冬末春初季节。主要由成虫引起。成虫以宿主的血液、胆汁、细胞等为食,同时分泌毒素与代谢产物,使得患羊渐进性消瘦,贫血,可视黏膜苍白或黄染,食欲不振,被毛粗乱无光、易脱落,有局部脱毛现象。眼睑、下颌水肿,有时也发生胸前、腹下水肿,早晨明显,运动后可减轻或消失。间歇性瘤胃臌气和前胃弛缓,腹泻,或腹泻与便秘交替发生,粪便呈黑褐色。运动障碍,后期可能卧地不起,最后因极度衰竭死亡。妊娠羊往往发生瘫痪,甚至可能产出弱羔或流产。泌乳母羊泌乳量显著减少。

(五)剖检变化

剖检时,病理变化主要在肝脏,其变化程度与感染虫体的数量及病程有关。在大量感染、急性死亡的病例中,可见到急性肝炎和大出血后的贫血现象,黏膜苍白,腹腔中充满血水,其中含有幼小虫体。肝脏肿大,包膜有纤维素沉积,常见有2~5mm长的暗红色虫道,内有暗红色凝血块和少量幼虫。腹腔有血红色液体,呈现腹膜炎病变。

慢性病例(病程2~3个月后),剖检时主要呈现慢性增生性肝炎和胆管炎变化。在被破坏的肝组织中会出现淡白色索状瘢痕,肝实质萎缩、褪色、变硬,边缘钝圆,小叶间结缔组织增生。胆总管肿大,管壁肥厚,扩张呈绳索样突出于肝表面。胆管内有磷酸钙和磷酸镁等盐类沉积,使内膜粗糙,刀切时可听到沙沙声,胆管内充满虫体和污浊稠厚的棕褐色黏性液体。病羊出现明显的贫血、水肿现象。胸腹腔及心包内有透明积液。

（六）诊断

1.现场诊断

根据病羊的临床症状、剖检变化、流行特点作初步诊断。剖检病羊，在其肝脏胆管中检出大量虫体。

2.实验室诊断

常采用水洗沉淀法或锦纶筛集卵法检查病羊粪便。即由直肠取新鲜粪便 5～10g，捣碎后加 10～20 倍清水混匀，用 40～60 目粪筛或双层纱布过滤到另一干净的烧杯中，往滤液中加满清水，静置 15～20min，倒掉上清液，保留沉渣。再加满清水混合，静置 15～20min，弃去上清液，保留沉渣。如此反复 3～4 次，直到上清液透明为止。最后吸取沉渣涂于载玻片上，加盖玻片在显微镜下观察有无虫卵。片形吸虫虫卵（图 4-3）较大，易于识别。如果镜检只见少数虫卵而无临床症状，则只能视为"带虫现象"。对于急性病例，因虫体尚未发育成熟，粪便检查无虫卵时，应以解剖检查为主，把肝脏剪碎，在水中挤压后淘洗，可找到大量童虫，以作出诊断。

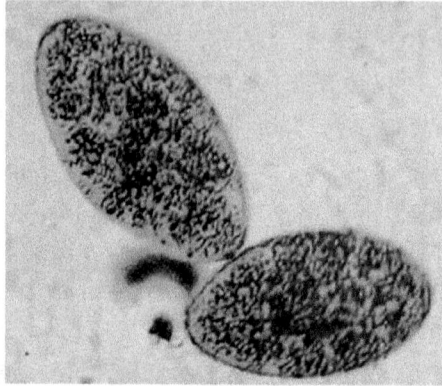

图 4-3　片形吸虫虫卵

在病羊死前可用血清学方法进行诊断，如皮内变态反应、间接血凝试验（IHA）、琼脂扩散试验、酶联免疫吸附试验（ELISA）、胶体金技术、间接荧光抗体试验等。生化检测亦可作为辅助检测指标，肝细胞变性或坏死时，谷草转氨酶（AST）和谷丙转氨酶（ALT）会升高；胆管上皮细胞受损时，γ-谷氨酰转肽酶（γ-GT）会升高。

也有基于核糖体 DNA 第一内转录间隔区（ITS1）、第二内转录间隔区（ITS2）、线粒体 *cox1* 基因、*nad1* 基因等遗传标记的 PCR 诊断、环介导等温扩增试验（LAMP）等诊断方法。

（七）防治

1.预防

①定期驱虫。在本病流行区，驱虫次数和时间必须结合当地具体情况而定。南方一般每年要进行三次。在春季椎实螺活动之前，用对成虫有效的药物进行第一次驱虫；在 7—9 月用对童虫有效的药物进行第二次驱虫，以杀死侵入羊体内的多数童虫，减少或阻止其发育为成虫；在 11—12 月，用对成虫和幼虫都有效的药物进行第三次驱虫，以保护羊

群安全过冬。北方全年可进行两次驱虫,第一次在冬末春初,由舍饲转为放牧之前进行,第二次在秋末冬初,由放牧转为舍饲之前进行。

②杀灭中间宿主椎实螺。灭螺是预防本病的重要措施。椎实螺生活在低洼、阴湿地区,可结合水土改造破坏椎实螺的生活条件。流行地区应用药物灭螺时,可选用 1：50000 硫酸铜溶液或 $25\mu L/L$ 氯硝柳胺(血防-67)、20% 氯水、新鲜生石灰对椎实螺进行浸杀或喷杀。此外,还可辅以生物灭螺,如养鸭和其他水禽等。

③加强饲养管理,增强羊群抵抗力。

④注意饮水和饲草卫生。羊群饮水最好选用自来水、深井水或流动的河水,保持水源清洁卫生;在低洼湿地收割的牧草较其他地区留茬高一些或晒干后存放 2～3 个月后再利用。

⑤选择放牧地。尽可能选择地势高而干燥的地方放牧或建牧场,尽可能避免在低洼湿地、沼泽地和有椎实螺的牧地放牧,以免羊群感染囊蚴。

⑥轮牧。有条件的地区可采用轮牧方式,1.5～2 个月轮换一块草地,以减少感染机会。

⑦粪便处理。及时将羊舍内的粪便堆积进行生物热发酵处理。特别是驱虫后的粪便更需要严格处理,以便利用生物热杀死虫卵。

⑧加强兽医卫生检疫工作,防止病羊的肝脏散布病原体。对感染片形吸虫的肝脏,应全部废弃,并进行无害化处理。

2. 治疗

三氯苯唑(肝蛭净):使用剂量为 5～15mg/kg 体重,口服。对片形吸虫成虫、幼虫和童虫均有高效驱杀作用,对于急性病例 5 周后应重复给药一次。但是停药 14d 后羊肉才能食用,停药 10d 后羊乳才能饮用。

丙硫苯咪唑(阿苯达唑):使用剂量为 5～15mg/kg 体重,口服。对片形吸虫成虫有效,但对童虫效果较差。因有一定的致畸作用,对妊娠母羊慎用。

硝氯酚(拜耳 9015):使用剂量为 4～5mg/kg 体重,口服,或 0.75～1.0mg/kg 体重深部肌内注射。对片形吸虫成虫有效,对童虫无效。本品有一定毒性,不可加量使用。

溴酚磷(蛭得净):使用剂量为 12～16mg/kg 体重,口服。对成虫和 6～12 周的未成熟童虫均有良好的驱杀效果,可用于治疗急性病例。

碘醚柳胺(重碘柳胺):使用剂量为 5～15mg/kg 体重,口服。对成虫和 6～12 周的未成熟童虫均有效,羊泌乳期禁用。

氯氰碘柳胺(三特):使用剂量为 10mg/kg 体重,口服,或 5～10mg/kg 体重深部肌内注射。对成虫和 6～12 周的未成熟童虫都有效,药物残留期 28d。

硝碘酚腈(虫克清):使用剂量为 30mg/kg 体重,口服,或 10～15mg/kg 体重皮下注射,内服不如注射有效。对成虫和童虫都有很强的驱杀作用,但在羊肉、羊乳内残留时间较长,投药 1 个月后羊肉、羊乳才能食用。

硫双二氯酚(别丁):使用剂量为 75～100mg/kg 体重,配成悬浮液灌服。对成虫有效,但使用后羊只可能出现不同程度的腹泻,一般经 14d 后会自行恢复。

双酰胺氧醚(双乙酰胺苯氧醚):使用剂量为 100mg/kg 体重,口服。对 1～6 周龄的童虫有效,对成虫效果差,主要用于治疗急性病例。毒性小,安全范围大,常用量对孕羊和羔羊均能耐受。

由于片形吸虫对红细胞的破坏能力很强,驱虫后应用牲血素补血进行对症治疗,成羊每只 5mL,羔羊每只 2～3mL。必要时 3d 后再肌内注射一次;对体质较差的怀孕母羊,可用速溶速补维生素 E、维生素 A、维生素 D 以及复合维生素 B,速溶多维加量混合饮水,连用 5～7d;而妊娠母羊须在分娩 2 个月后驱虫,同时补充速溶速补维生素 E、维生素 A、维生素 D 以及复合维生素 B 等,混合饮水;对于水肿和腹泻的羊只,可使用抗生素辅助治疗。

另外也可用中药辅助治疗:①苏木 15g、贯仲 9g、槟榔 12g,水煎去渣,加白酒 60mL 灌服;②苏木 9g、贯仲 9g、槟榔 9g、龙胆草 9g、木通 9g、泽泻 9g、厚朴 9g、草豆蔻 6g,水煎去渣,一次灌服。

对发病羊及同群羊在驱虫后应及时用保肝健胃的中药进行拌料饲喂或者水煎后让羊群饮用。

二、羊双腔吸虫病

双腔吸虫病又称歧腔吸虫病,是由双腔科双腔属的矛形双腔吸虫、中华双腔吸虫、枝双腔吸虫等寄生于羊的肝脏胆管和胆囊内所引起的一种慢性寄生虫病,能引起胆管炎、肝硬化,并导致代谢障碍和营养不良。本病在全国各地均有发生,特别是在我国东北、华北、西北和西南诸省感染率高。绵羊发病率高,严重感染的羊有时甚至会死亡,可见其危害严重。

(一)病原

矛形双腔吸虫(图 4-4):虫体背腹扁平,棕红色,薄,半透明,肉眼可见到内部器官。固定后呈灰白色。体表光滑,前端尖细,后端较钝,体狭长呈矛状,长 6.67～8.34mm、宽 1.16～2.14mm。口吸盘位于虫体前端的腹面,圆形。腹吸盘略大于口吸盘,位于睾丸前方和肠管分支之后。两个近圆形的睾丸前后排列或斜列于腹吸盘之后。卵巢呈圆形或不规则形,位于睾丸后方偏右侧。卵黄腺呈细小的颗粒状,分布于虫体中部两侧。虫体后部为充满虫卵的子宫。虫卵(图 4-5)为不对称的卵圆形或椭圆形,大小为(38～45)μm×(22～30)μm,暗褐色,卵壳厚,一端有明显的卵盖,卵内含一个毛蚴。

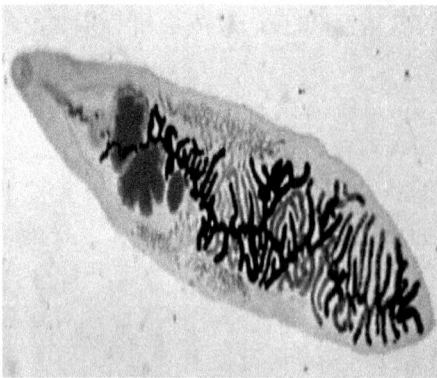

图 4-4　矛形双腔吸虫

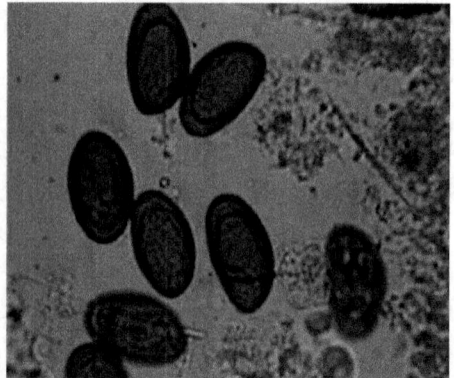

图 4-5　矛形双腔吸虫虫卵

中华双腔吸虫:形态基本与矛形双腔吸虫相似,但虫体较矛形双腔吸虫宽、短,两吸盘大小近于相等,腹吸盘前方的体部呈头锥状,其后两侧似肩样突起。体长 3.5～9.0mm、宽 2.03～3.09mm。两个睾丸边缘不整齐或稍分叶,左右并列于腹吸盘之后。睾丸之后为卵巢。虫体后部充满子宫。卵黄腺分列于虫体中部两侧。虫卵与矛形双腔吸虫虫卵相似,大小为(45～51)μm×(30～33)μm。

枝双腔吸虫:虫体呈肩纺锤形,有口、腹吸盘,从腹吸盘到虫体后端,虫体的宽度几乎一致。两睾丸在腹吸盘后斜列分布,睾丸分瓣,从睾丸引出的小输精管在腹吸盘上会合后伸进阴茎囊,阴茎囊大而发达,与子宫末端共同开口于肠分叉处后方。卵巢位于睾丸后方,呈块状。两束卵黄腺呈细枝条状,分布于虫体两侧。子宫较为发达,由许多上行和下行的子宫圈组成,几乎充满生殖腺与肠管之间的全部缝隙。

(二)病原生活史

双腔吸虫在发育过程需要两个中间宿主。第一中间宿主是陆地螺类(蜗牛),第二中间宿主(补充宿主)是蚂蚁。成虫在羊等终末宿主的肝脏胆管或胆囊内产出虫卵,虫卵随胆汁进入肠内,然后随羊的粪便排出到外界。排出的含有毛蚴的虫卵被第一中间宿主陆地螺吞食后,毛蚴即在其肠内从卵中孵出,穿过肠壁移行至肝脏发育,经母胞蚴、子胞蚴发育成许多尾蚴。尾蚴从子胞蚴的产孔逸出,移行到陆地螺的呼吸腔,在此每 100～400 个尾蚴集中在一起形成尾蚴囊群,外包有黏性物质,称为黏性球。黏性球经陆地螺的呼吸孔排出(在陆地螺体内 82～105d),黏附在植物叶或其他物体上(存活时间一般为 2～3d,最多 14～20d)。含尾蚴的黏性球被第二中间宿主蚂蚁吞食后,经 1～2 个月在蚂蚁体内发育成囊蚴。

当羊或其他终末宿主在吃草时将含有囊蚴的蚂蚁一起吞食,就会造成感染。囊蚴在羊肠道内脱囊而出,经十二指肠到达胆管或胆囊内寄生。在羊体内经 72～85d 发育为成虫。

(三)流行特点

本病几乎遍及世界各地,多呈地方性流行。在我国分布极其广泛,主要分布于东北、华北、西北、西南等地,尤其以西北和内蒙古较为严重。从分布的地区特点来看,矛形双腔吸虫多分布于较干燥的高山牧场的灌木丛及高原的阳坡地带。而中华双腔吸虫则多分布于草原地区的沼泽、苔草地段以及丘陵区的山间谷地和平原地带的河谷漫滩。这些地带终年温暖、潮湿,并且有松软的土壤、茂密的植被,很适合中间宿主陆地螺和蚂蚁的滋生。

南方地区由于温暖、潮湿,中间宿主可全年活动,羊几乎全年都可感染。北方寒冷、干燥,中间宿主会冬眠,因此感染和发病具有明显的季节性,一般夏、秋季节感染,冬、春季节发病。

宿主极其广泛,除羊外,也可寄生于牛、鹿、骆驼、马属动物、猪、犬、兔、猴等,许多野生偶蹄动物均可感染,偶见感染人。各品种、性别、年龄阶段的羊均能感染,羔羊和绵羊的病死率高。随着羊的年龄增加,感染率和感染强度上升。

(四)临床症状

羊的症状可因感染强度不同而有所差异。轻度感染的成年羊只通常无明显临床症状。羔羊的临床症状较为明显。急性感染时则表现为精神沉郁,食欲不振,体质虚弱,放牧时离群落后;体温升高,出现轻度腹泻、黄疸,肝区有压痛表现,叩诊肝脏浊音区扩大。有些病羊常继发肝源性感光过敏症。其表现为:多在阳光明媚的上午(10—11时),耳和头面部突然发生急性肿胀(水肿),影响采食视物,全身症状恶化,常常引起死亡。没有死亡的病羊,其肿胀很难消退,往往出现大面积破溃、渗出、结痂或继发细菌感染等。

严重感染的病羊则表现为黏膜苍白或发黄,眼睑、颌下、胸下及腹下水肿,有的病羊颌下水肿波及面部,致使其面部肿大。患病母羊乳汁稀薄,患病孕羊出现流产,有的病羊在患病后期头向后仰、空口咀嚼、卧地不起,最后衰竭死亡。

(五)剖检变化

虫体寄生于胆管和胆囊,导致黏膜出现卡他性炎症。当虫体寄生较多时,可见肝脏肿大变硬,肝表面粗糙,胆管壁结缔组织增生,胆管增厚。挤压切开的肝脏断面,可见从大、小胆管内流出大量黄白色脓性物质,内含有大量不同发育阶段的虫体,有的胆管被虫体堵塞。胆囊肿大,在胆汁内也混有大量不同发育阶段的虫体。

(六)诊断

在病羊生前主要用水洗沉淀法进行粪便检查发现大量虫卵(方法同羊肝片形吸虫病),再结合临床症状及流行病学可确诊。或剖检病死羊,用手将肝脏撕成小块,置入水中搅拌,静置,倾去上清液,反复数次,直至上清液清亮为止,然后在沉淀物中找出相应虫体,进而确诊。

(七)防治

1.预防

①定期驱虫。每年在2—3月和10—11月对羊群进行全群驱虫。如果能坚持数年,可达到净化草场的目的。

②加强管理。改良牧地,除去杂草、灌木丛等,以消灭中间宿主陆地螺和蚂蚁,也可人工捕捉或在草地养鸡灭螺;合理地补充精料和矿物质,提高羊只自身的抵抗力;应选择在陆地螺、蚂蚁等较少的干燥草地放牧;轮牧;适当延长舍饲的时间,待牧草长出一定高度后再行放牧,降低羊群啃食草根的概率;可以多以青贮饲料替换牧草,减少羊只感染本病的可能性。

③驱虫后的粪便处理。将粪便集中起来进行堆积发酵处理,以杀灭虫卵,防止污染羊舍和草场及再次感染发病。

2.治疗

海涛林:使用剂量为40~50mg/kg体重,配成2%悬浮液口服。它是治疗双腔吸虫病最有效的药物,安全程度高,对怀孕母羊及产羔均无不良影响。

丙硫苯咪唑(阿苯达唑):使用剂量为30~40mg/kg体重,配成5%混悬液口服。母羊妊娠期禁用。

六氯对二甲苯(血防 846)：使用剂量为 200～300mg/kg 体重，口服，驱虫率可达 90%以上，连用 2 次，可达 100%。

氯氰碘柳胺钠：使用剂量为 5～10mg/kg 体重，肌内注射。对绵羊双腔吸虫的驱杀效果好且毒副作用相对较小，可作为驱杀双腔吸虫的首选药物。

吡喹酮：使用剂量为 65～80mg/kg 体重，口服或肌内注射。

赛苯唑：使用剂量为 150～200mg/kg 体重，口服。

硝氯酚：使用剂量为 5mg/kg 体重，口服。

三、羊阔盘吸虫病

羊阔盘吸虫病是由双腔科阔盘属的吸虫寄生于羊等反刍动物胰脏、胰管内所引起的一种吸虫病，也称胰吸虫病。此外，虫体偶尔寄生于胆管和十二指肠。人偶尔可以感染。羊轻度感染时不显症状，严重感染时表现为营养障碍、腹泻、消瘦、贫血、水肿等，严重时可引起死亡。

(一)病原

寄生于羊的阔盘吸虫主要有胰阔盘吸虫、腔阔盘吸虫、枝睾阔盘吸虫，其中以胰阔盘吸虫最为常见。

胰阔盘吸虫(图 4-6)：虫体扁平，呈长卵圆形，较厚，半透明状，棕红色。虫体长 8～16mm、宽 5.0～5.8mm。口吸盘明显大于腹吸盘。咽小，食道短，两条肠支简单。睾丸 2 个，呈圆形或略分叶，左右横列于腹吸盘水平线的稍后方。雄茎囊呈长管状，位于腹吸盘前方与肠管分支处之间。生殖孔开孔于肠管分支处的稍后方。卵巢分 3～6 个叶瓣，位于睾丸之后，虫体中线附近。受精囊呈圆形，靠近卵巢。子宫有许多弯曲，位于虫体后半部，内充满棕色虫卵。卵黄腺呈颗粒状，成簇排列，位于虫体中部两侧。虫卵(图 4-7)呈黄棕色或棕褐色，椭圆形，两侧稍不对称，大小为(42～50)μm×(23～38)μm，卵壳厚，一端有卵盖，内含一个椭圆形的毛蚴。

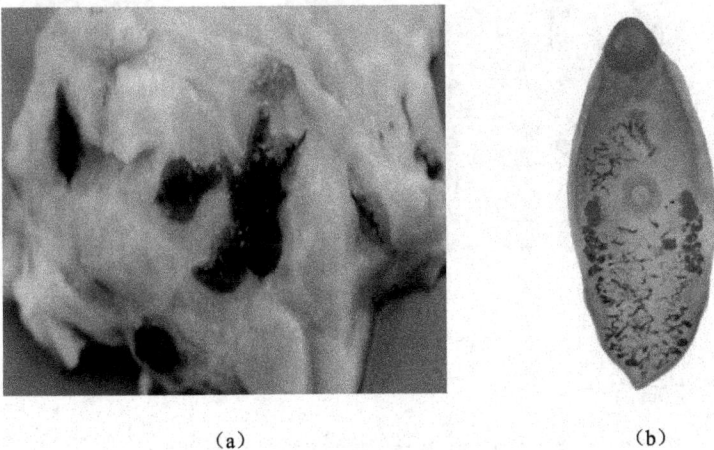

(a)　　　　　　　　　　　　(b)

图 4-6　胰阔盘吸虫

腔阔盘吸虫(图 4-8)：与胰阔盘吸虫相似，主要区别是虫体较为短小，呈短椭圆形，体后端具有一明显的尾突。虫体长 7.48～8.05mm、宽 2.73～4.76mm。口、腹吸盘大小相近。卵巢多呈圆形，大多数边缘完整，少数有缺刻或分叶。睾丸大都为圆形或椭圆形，少数有不整齐的缺刻。虫卵大小为(34～47)μm×(26～36)μm。

图 4-7　胰阔盘吸虫虫卵

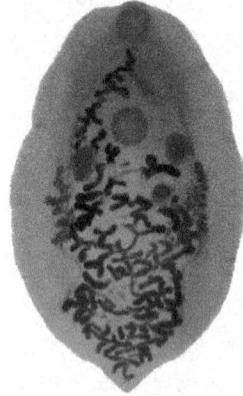

图 4-8　腔阔盘吸虫

枝睾阔盘吸虫(图 4-9)：虫体呈前端尖、后端钝的瓜子形，长 4.49～7.90μm、宽 2.17～3.07μm。口吸盘略小于腹吸盘，睾丸大呈分支状，卵巢分叶 5～6 瓣。虫卵大小为(45～52)μm×(30～34)μm。

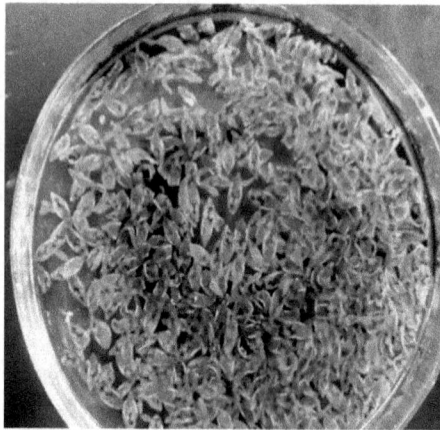

(a)

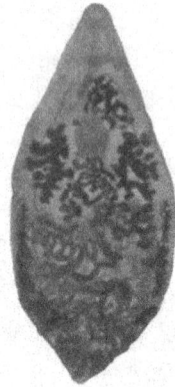

(b)

图 4-9　枝睾阔盘吸虫

(二)病原生活史

阔盘吸虫的发育需要两个中间宿主，经虫卵、毛蚴、母胞蚴、子胞蚴、尾蚴、囊蚴及成虫各个阶段。第一中间宿主为陆地螺，胰阔盘吸虫、腔阔盘吸虫的第二中间宿主为红脊草螽、尖头草螽，枝睾阔盘吸虫的第二中间宿主为针蟀。

寄生在胰管中的成虫产出的虫卵随胰液进入消化道,再随羊粪便排出体外。虫卵在外界被第一中间宿主陆地螺吞食后,在其体内孵化出毛蚴并依序发育为母孢蚴、子孢蚴和尾蚴,包裹着尾蚴的成熟子孢蚴经陆地螺的呼吸孔被排到外界。从陆地螺吞食虫卵至排出成熟的子孢蚴,在温暖季节需 5～6 个月,夏季以后大约需 1 年。成熟的子孢蚴(含尾蚴)被第二中间宿主红脊草螽(胰阔盘吸虫、腔阔盘吸虫的第二中间宿主)或针蟀(枝睾阔盘吸虫的第二中间宿主)吞食后,经 23～30d 尾蚴发育为囊蚴。羊等终末宿主吃草时吞食了含有囊蚴的草螽或针蟀而感染,囊蚴经 80～100d 发育为成虫。从虫卵到成虫的全部发育过程需要 10～16 个月才能完成。

(三)流行特点

阔盘吸虫在我国分布很广,在新疆、内蒙古、吉林、河北、福建、江西、江苏、安徽、广州、湖南、贵州、陕西、重庆、四川等地均有报道。胰阔盘吸虫和腔阔盘吸虫流行最广。

本病主要发生于放牧羊,舍饲羊少发。其与陆地螺、草螽的分布和活动有密切关系。草螽一般 5—6 月出现,7—10 月最为活跃,10—11 月消失。被感染后的草螽活动能力降低,故容易被羊随草食入。因此,羊感染多在 7—10 月,发病多在冬、春季。

(四)临床症状

轻度感染时症状不明显。阔盘吸虫大量寄生时,由于虫体的机械刺激和毒素作用,胰管会发生慢性增生性炎症,致使胰管增厚,管腔窄小。严重感染时管腔甚至完全阻塞,导致胰消化酶的产生和分泌及糖代谢机能失调,引起羊发生代谢失调和营养障碍。患羊表现为精神沉郁,消化不良,消瘦,贫血,毛发易脱落,颌下及胸前水肿,腹泻,粪便稀且带有黏液,严重时可引起死亡。

(五)剖检变化

少量感染时胰脏未见明显病变。大量感染时,尸体消瘦,胰脏肿大,胰管发炎增粗,胰管因高度扩张呈黑色条索状突出于胰脏表面。管腔黏膜不平,呈乳头状小结节突起,并有点状出血,内含大量虫体。周围肠系膜淋巴结肿胀,呈黑豆状。慢性感染因结缔组织增生而导致整个胰脏硬化、萎缩,切开可见胰管内有数量不等的虫体。

(六)诊断

根据流行病学特点、临床症状、粪便检查和剖检发现虫体等进行综合诊断。临床症状缺乏特异性。生前诊断用水洗沉淀法检查虫卵,发现大量虫卵,或死后剖检,在胰管中找到虫体,并结合临床症状即可确诊。

(七)防治

1.预防

在本病流行地区,应在每年初冬和早春各进行一次预防性驱虫;避免到第二中间宿主活跃地带放牧,有条件的地区可实行轮牧;应注意杀灭第一中间宿主陆地螺;加强饲养管理,增加羊的抗病能力等。

2.治疗

吡喹酮:使用剂量为 65～70mg/kg 体重,口服;或使用剂量为 30～50mg/kg 体重,并以液体石蜡或灭菌植物油制成 20％油剂,肌内注射或腹腔注射。腹腔注射时应防止注入肝脏或肾脂肪囊内。

六氯对二甲苯:使用剂量为 400mg/kg 体重,口服 3 次,每次间隔 2d。

四、羊前后盘吸虫病

羊前后盘吸虫病是由同盘科和腹袋科的吸虫寄生于羊的瘤胃内所引起的一种消化道吸虫病。成虫主要寄生于羊、牛等反刍动物的瘤胃,也有的种类可寄生于网胃、盲肠,一般危害较轻。但其幼虫在机体内的发育过程中移行于真胃、小肠、胆管、胆囊,可造成较严重的病理损伤,甚至可引起死亡。该病在我国的南、北方均有发生,曾给养羊业造成巨大的损失。

(一)病原

前后盘吸虫(又称为同盘吸虫)的种属很多,包括前后盘属、殖盘属、腹袋属、菲策属、卡妙属等。虫体形态结构有不同程度的差异。大小各有不同,有的仅长数毫米,有的则长达 20mm;颜色可呈深红色、淡红色或乳白色。但它们的共同特征是:虫体柱状,呈长椭圆形、圆锥形或长梨形(图 4-10、图 4-11)。口吸盘位于虫体前端,腹吸盘发达,位于虫体后端(又称后吸盘),明显大于口吸盘。因口吸盘、腹吸盘位于虫体两端,好似两个口,所以前后盘吸虫又被称为双口吸虫。

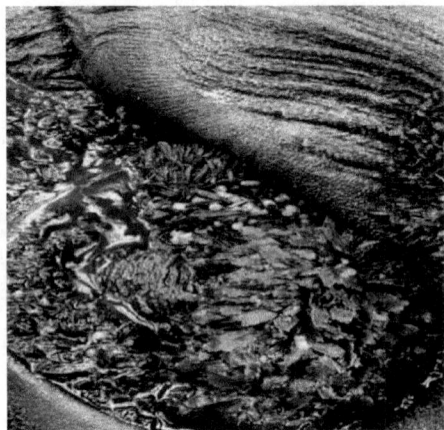

图 4-10 寄生于瘤胃的前后盘吸虫

图 4-11 前后盘吸虫

现列举我国常见虫种:

鹿前后盘吸虫:新鲜虫体呈淡红色或粉红色,圆锥形或纺锤形,体前端稍尖、后端钝圆。体长 8.8～9.6mm、宽 4～4.4mm,稍向腹面弯曲。后吸盘较口吸盘大 2.5～8.0 倍。无咽,肠管分两支终于后吸盘的背侧。两个睾丸呈椭圆形或稍分叶,前后排列于虫体后部。卵巢呈圆形,位于睾丸后部。卵黄腺发达,呈滤泡状,自肠管分叉处开始沿体两侧分布至后吸盘的前缘。子宫盘绕,大部分在两肠管之间。生殖孔开口于肠管分支处稍后方的腹面。虫卵(图 4-12)呈椭圆形,灰白色,大小为(125～132)μm×(70～80)μm,一端有卵盖,卵黄细胞未充满整个虫卵,两端空隙较大,有时可见内含一圆形胚细胞。

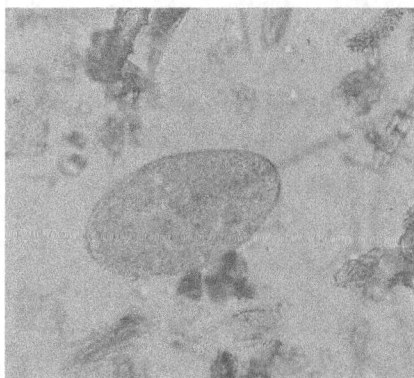

图 4-12 鹿前后盘吸虫虫卵

殖盘吸虫:虫体白色,呈圆锥形,其形态和鹿前后盘吸虫类似。体长 8.0～10.8mm、宽 3.2～3.41mm。有肥厚的食道球,肠管略有弯曲,终止于卵巢边缘。睾丸前后排列。虫体的主要特征是生殖吸盘环绕于生殖孔的周围。虫卵大小为(112～136)μm×(68～72)μm。

长菲策吸虫:虫体呈深红色,长圆筒形,前端稍尖,体长为 10～23mm、宽 3～5mm。体腹面具有楔状大腹袋。两分叉的肠管仅达体中部。两个睾丸呈分叶状,斜列于后吸盘前方。卵巢呈圆形,位于两睾丸之间。卵黄腺呈小颗粒状,散布在虫体两侧。子宫沿虫体中线向前通到生殖孔,开口于肠管分叉处的前方。虫卵和鹿前后盘吸虫相似。

(二)病原生活史

前后盘吸虫的种类繁多,有的生活史尚不明确,现以鹿前后盘吸虫为例简述。其发育与肝片形吸虫相似,只需一个中间宿主。中间宿主主要是扁卷螺、椎实螺等淡水螺。成虫在羊瘤胃或网胃壁上产卵,卵进入肠道随终末宿主粪便排出体外,在适宜的温度条件(26～30℃)下,经 12～13d 孵出毛蚴。毛蚴进入水中,遇到适宜的中间宿主淡水螺(如扁卷螺、椎实螺),即钻入其体内,发育为胞蚴、母雷蚴、子雷蚴及尾蚴。尾蚴成熟(大约在螺感染后 43d)后离开螺体,附着在水草上形成囊蚴。

羊等终末宿主吞食了附有囊蚴的水草而感染。囊蚴在肠道脱囊逸出,成为童虫。童虫先在小肠、皱胃及其黏膜下组织以及胆管、胆囊、大肠、腹腔甚至肾盂中移行,寄生 3～8 周,最终到达瘤胃,约 3 个月发育为成虫。

(三)流行特点

前后盘吸虫在我国各地广泛分布,南方的羊都有不同程度的感染。不仅感染率高,而且感染强度大。一只感染羊的瘤胃和网胃里的虫体多达 1 万个以上,而且多种虫体混合感染。其中间宿主扁卷螺分布广泛,在沟塘、小溪、湖沼、水田中均有大量分布,在低洼、潮湿地区也有大量椎实螺滋生,这与本病的发生与流行有直接关系。

该病流行的季节主要取决于当地气温和中间宿主的繁殖发育季节以及羊放牧的情况。南方由于雨量充沛,气温适宜,可常年流行,北方主要在 5—10 月流行,因此该病在南方较北方多见。

(四)临床症状

本病成虫危害轻微,感染成虫后往往表现慢性消耗性的症状。

童虫在体内的移行和寄生往往引起急性、严重的临床症状。病羊初期精神不振、食欲减退、反刍减少,数天后出现顽固性腹泻,粪便呈粥状或水样,常有腥臭味。体温有时升高,消瘦,贫血,眼黏膜苍白、黄染,颌下及胸前皮下水肿,不愿运动,喜卧地,有时见有腹痛。后期因极度消瘦衰竭死亡。有时虫体进入肺脏,使羊发生异物性肺炎而死亡。

(五)剖检变化

可见病羊尸体消瘦,黏膜苍白,唇和鼻镜上有潜在的溃疡。成虫寄生部位损害轻微,大量成虫常吸附在瘤胃和网胃壁的胃绒毛之间,造成羊的胃黏膜损伤、肿胀。童虫移行时可造成虫道,使胃黏膜和其他脏器受损。皱胃幽门部、十二指肠和小肠其他部分的黏膜有卡他性出血性炎症,黏膜下可发现幼小虫体;严重时腹腔内有红色液体(炎性渗出物),有时在液体内还可发现幼小虫体。肠黏膜出现坏死和纤维素性炎症;肠内充满腥臭的稀粪;盲肠、结肠淋巴结滤泡肿胀、坏死,有的形成溃疡;胆管、胆囊膨胀;在小肠、皱胃及胆管和胆囊内可见数量不等的童虫。

(六)诊断

根据临床症状表现及发病特点,对可疑病羊进行病原检查。在生前诊断可用反复沉淀法或直接涂片法镜检粪便内的虫卵。粪检时,应注意与肝片形吸虫卵相区别。

病羊死后的剖检可依据剖检的病变情况及在瘤胃、小肠等部位发现相应的成虫或童虫而确诊。

(七)防治

1.预防

参照片形吸虫病,并根据当地的具体情况和条件,制订以定期驱虫为主的预防措施。

2.治疗

氯硝柳胺(灭绦灵):使用剂量为70～80mg/kg体重,口服。对成虫、童虫和幼虫均有较好的效果,是防治前后盘吸虫病的首选药物。

硫双二氯酚(别丁):使用剂量为80～100mg/kg体重,口服,7d后重复给药1次。驱成虫效果显著,驱童虫亦有较好的效果。

溴二羟苯酰苯胺(溴羟替苯胺、雷琐太尔):使用剂量为65mg/kg体重,制成悬浮液灌服。对成虫、童虫均有较好的效果。

六氯对二甲苯:使用剂量为200mg/kg体重,口服,每日1次,连用2次。

硝氯酚:使用剂量为6mg/kg体重,口服。对成虫有驱杀作用。

丙硫苯咪唑(阿苯达唑):使用剂量为10mg/kg体重,口服,间隔7d后再用药1次。母羊妊娠期禁用。

五、羊血吸虫病

羊血吸虫病是由分体科分体属、东毕属的吸虫寄生于羊的门静脉、肠系膜静脉和盆腔静脉血管内,引起贫血、消瘦与营养障碍等疾患的一种吸虫病,虫体大量寄生可造成羊的死亡。分体属的吸虫寄生于绵羊、山羊、水牛、黄牛、猪、马属动物、犬、猫、家兔和 30 多种野生动物,也可寄生于人。我国 2008 年修订的《一、二、三类动物疫病病种名录》(中华人民共和国农业部公告第 1125 号)将日本血吸虫病列为二类动物疫病。东毕属的吸虫分布较广,几乎遍及全国,宿主范围包括绵羊、山羊、黄牛、水牛、骆驼、马属动物及一些野生动物,但不引起人的血吸虫病,不能在人体内进一步发育,仅其尾蚴可引起人的皮肤炎症。

(一)病原

病原主要有日本血吸虫(又称日本分体吸虫)、土耳其斯坦东毕吸虫、程氏东毕吸虫等。

1.分体属

该属在我国仅有日本血吸虫。雌雄异体,虫体呈长圆柱状,外观呈线状。体表有细棘。口吸盘呈漏斗状,位于虫体前端,腹吸盘略大于口吸盘,位于口吸盘的后方不远处,有短粗的柄。食道在腹吸盘的背面处分成两支肠管。两肠管在虫体的后 1/3 处又合并为一条单管,伸达虫体末端成为盲管。雌、雄虫呈合抱状态(图 4-13)。

雄虫粗短,乳白色,体长 10～22mm、宽 0.50～0.97mm。向腹面弯曲呈镰刀状,体壁自腹吸盘后方至虫体后端,体两侧向腹面卷起形成抱雌沟。通常雌虫居于沟内。睾丸为 6～8 个,多为 7 个,呈椭圆形,单行排列在虫体前部的背侧。生殖孔位于腹吸盘的后方。

雌虫(图 4-14)细长呈线形,暗褐色,体长 12～26mm、宽约 0.3mm。卵巢呈椭圆形,位于虫体中部偏后方、两肠管合并处前方。卵膜位于卵巢前方。卵黄腺呈较规则的分支状,位于虫体后部 1/4 处。子宫自卵膜前行到达腹吸盘后方的生殖孔处,内含虫卵。虫卵呈短卵圆形,淡黄色,大小为 $(70\sim100)\mu m\times(50\sim80)\mu m$。卵壳较薄,无卵盖,在卵壳的侧上方有一个小刺,卵内含一个毛蚴。

图 4-13　雌雄合抱的日本血吸虫

图 4-14　日本血吸虫雌虫

2.东毕属

该属中较重要的虫体有土耳其斯坦东毕吸虫、程氏东毕吸虫和土耳其斯坦东毕吸虫结节变种。土耳其斯坦东毕吸虫虫体呈线状,比日本血吸虫小,体表光滑、无结节。雄虫乳白色,体长 4.2～8.0mm、宽 0.36～0.42mm,虫体前端略扁平,后部体壁向腹面卷曲形成抱雌沟。口吸盘和腹吸盘均不发达,两者相距较近。睾丸70～80个,颗粒状,在腹吸盘后方不远处呈不规则两行排列或偶见单行排列于腹吸盘后上方,缺雄茎囊。雌虫暗褐色,较雄虫纤细,略长。虫体长3.4～8mm、宽0.07～0.12mm。卵巢呈螺旋状扭曲,位于两肠管合并处前后。卵黄腺从卵巢后方开始沿体两侧分布直至肠管末端。子宫短,在卵巢前方通常只有一个虫卵。虫卵呈短椭圆形,淡黄色,大小为(72～74)μm×(22～26)μm。卵壳薄,无卵盖,两端各有一个附属物,一端的比较尖,另一端的钝圆。

程氏东毕吸虫雄虫乳白色,粗大,体长3.12～4.99mm、宽0.23～0.34mm。从腹吸盘向后至后端体侧壁卷起形成抱雌沟。吸盘及抱雌沟边缘有细刺,各处表面上均有结节。睾丸53～99个,椭圆形,呈拥挤重叠式单向排列,位于腹吸盘后中间背部。生殖孔开口于腹吸盘后。雌虫较短、细,暗褐色,体长2.63～3.00mm、宽0.09～0.14mm。口吸盘和腹吸盘不显著,卵巢呈螺旋状,卵黄腺排列于肠两侧。虫卵呈椭圆形,淡黄色,大小为(80～113)μm×(30～50)μm。两端各有一个附着物,一端的比较尖,另一端的钝圆。李利等根据线粒体 nad1 基因序列推断程氏东毕吸虫与土耳其斯坦东毕吸虫可能是同种异名。

(二)病原生活史

日本血吸虫与东毕吸虫的发育过程大体相似,包括虫卵、毛蚴、母胞蚴、子胞蚴、尾蚴、童虫、成虫等阶段。其不同之处是,日本血吸虫的中间宿主为钉螺,而东毕吸虫的中间宿主为椎实螺(如折叠萝卜螺、耳萝卜螺、卵萝卜螺等)。日本血吸虫寄生时一般雌雄合抱。此外,它们在宿主范围、各个幼虫阶段的形态及发育所需的时间等方面也有所区别。其发育过程如下:成虫寄生于终末宿主羊等动物和人的门静脉、肠系膜静脉和盆腔静脉血管内,雌虫在寄生的小静脉末梢产卵。一条日本血吸虫雌虫每天可产卵1000个左右。产出的虫卵一部分随血液流到肝脏,一部分沉积在肠黏膜下层的静脉末梢。肠壁上的虫卵在血管内成熟后,虫卵内毛蚴分泌的溶细胞物质使虫卵周围的肠组织发炎、坏死、破溃,虫卵随破溃组织进入肠腔,随宿主的粪便排出体外。

虫卵落入水中,在适宜的条件下孵出毛蚴(如温度在25～30℃,pH为7.4～7.8时,数小时即可孵出毛蚴)。毛蚴呈梨形,周身有纤毛,借以在水中游动,遇到中间宿主钉螺或椎实螺,即脱去纤毛和皮层,钻入螺体内。毛蚴侵入螺体后进行无性生殖,先形成母胞蚴,一个母胞蚴体内可产生50个以上的子胞蚴,子胞蚴继续发育,体内分批形成许多尾蚴。一个毛蚴在钉螺体内经无性繁殖后,可产生数万条尾蚴。尾蚴离开螺体进入水中,常生活于水的表层,如果遇不到终末宿主,数天内就会死亡。

羊等终末宿主放牧时,尾蚴即钻入羊皮肤,脱掉尾部和皮层,钻入羊体内后变为童虫,经小血管或淋巴管随血流经右心、肺循环,体循环到达肠系膜静脉和门静脉内,发育为成虫。也可以在羊饮水或吃草时感染其口腔黏膜。体内的虫体亦可通过胎盘感染胎儿。成虫在动物体内的寿命一般是3～4年,也可能10年以上。

(三)流行特点

日本血吸虫病分布于中国、日本、菲律宾、印度尼西亚、马来西亚等国家。在我国广泛分布于长江流域及其以南的12个省(自治区、直辖市)。主要发生在钉螺滋生和钉螺阳性率高的地区,人和动物的感染与接触含有尾蚴的疫水有关。感染多在夏、秋季节发生,主要危害人和牛、羊等家畜。感染途径主要是经过皮肤感染,还可以通过吞食含有尾蚴的水、草经口感染,或可经胎盘由母体感染胎儿。

东毕吸虫病在我国的分布极其广泛,有24个省(自治区、直辖市)有本病的存在,但以东北和西北地区较为严重,呈地方性流行,在青海和内蒙古的个别地区,流行强度往往高达1万~2万条,可引起羊只死亡。山羊感染率高于绵羊。各年龄阶段的羊均可感染,但成年羊的感染率往往比幼龄羊高。东毕吸虫病的流行具有一定的季节性,一般在5—10月感染流行,北方地区多于6—9月。

(四)临床症状

大量感染日本血吸虫病时,病羊表现为体温升高至40℃以上,呈不规则间歇热,食欲减退,精神沉郁。感染20d后发生腹泻,粪便中含有黏液、血液,贫血,黏膜苍白,日渐消瘦,衰弱无力。严重者站立困难,全身虚脱,最终死亡。被感染的母羊可能不孕或流产,羔羊生长发育受阻。通常绵羊和山羊感染日本血吸虫时,症状较轻。

感染东毕吸虫病的羊多呈慢性过程,主要表现为食欲时好时坏,精神较差,有的病羊腹泻,粪便带血,极度消瘦,贫血,有黄疸,颌下、腹下水肿,存在发育障碍及受胎受影响,发生流产等,如饲养管理不善,最终可导致死亡。

(五)剖检变化

肉眼可见病羊尸体明显消瘦、贫血和出现大量腹水。肠系膜、大网膜,甚至胃肠壁浆膜层出现胶样浸润。严重感染时,在肝脏表面可见粟粒到高粱米大的,灰白色或灰黄色的数量不等的虫卵结节。肝脏初期可能肿大,后期发生萎缩、硬化。在肠道各段均可找到数量不等的灰白色虫卵结节,特别是直肠病变更为严重时,常出现小溃疡,肠黏膜有出血点、坏死灶、溃疡、肥厚或瘢痕组织。肠系膜淋巴结及脾变性、坏死,肠系膜静脉内有成虫寄生。在心脏、肾脏、胰脏、脾脏、胃等处有时也可发现虫卵结节。

(六)诊断

在流行区,根据临床症状和分析流行病学资料可做出初步诊断。但确诊要靠病原学检查、血清学检查、分子生物学检查等。

1. 虫卵检查

可在清晨从可疑病羊的直肠里采取粪便,用直接涂片法或水洗沉淀法镜检有无虫卵的存在;也可应用毛蚴孵化法查找毛蚴;还可刮取直肠黏膜做压片,镜检虫卵。毛蚴孵化法最常用,其具体操作步骤:取30g粪便,沉淀后将粪渣置于500mL三角瓶内,加清水至离瓶口1cm处,在20~30℃环境下,分别在4h、12h和24h后用放大镜或肉眼观察,如出现形状大小一致、针尖形、透明发亮、有折光性并在水面下方4cm以内的水中做水平或略斜向直线运动的虫体,则可确定为毛蚴。

2. 虫体鉴定

在本病流行区,可对病死羊进行剖检,在肠系膜小血管中检出虫体即可确诊。

3. 免疫学诊断

可用环卵沉淀试验(COPT)、间接血凝试验(IHA)、酶联免疫吸附试验(ELISA)、变态反应等方法进行检查,其检出率达95%以上,假阳性率在5%以下。

4.分子生物学诊断

可用聚合酶链反应(PCR)技术、环介导恒温核酸扩增技术(LAMP)等检测动物外周血中日本血吸虫特异性 DNA 片段,进行早期诊断。

(七)防治

1.预防

①定期驱虫。及时对病人、病畜进行驱虫和治疗,并做好病畜的淘汰工作。

②杀灭中间宿主淡水螺。可饲养食螺鸭子;结合农田水利建设,改造低洼地,使淡水螺无适应的生存环境;化学灭螺,如用 2.5mg/L 氯硝柳胺、0.1％生石灰、20mg/L 硫酸铜溶液等在江、湖滩地、稻田等处灭螺。

③加强粪便管理。在疫区内可以将人、畜粪便进行堆积发酵,不使用新鲜粪便做肥料。

④用水管理。管好水源,严防人、畜粪便污染水源;搞好饮水卫生,用井水或自来水。

⑤安全放牧。全面、合理地规划草场建设,逐步实行划区轮牧;在没有钉螺的地方放牧。

2.治疗

吡喹酮:使用剂量为 20～30mg/kg 体重,口服。

硝硫氰胺(7505):使用剂量为 4mg/kg 体重,配成 2％～3％水悬液,颈静脉注射。

六、绵羊斯克里亚平吸虫病

绵羊斯克里亚平吸虫病又称绵羊双士吸虫病,是由斯克里亚平属的绵羊斯克里亚平吸虫寄生于羊、牛等反刍动物小肠内引起的一种寄生虫病。

(一)病原

绵羊斯克里亚平吸虫虫体甚小,褐色,卵圆形,大小为(0.79～1.12)mm×(0.32～0.70)mm。体表有小棘。口、腹吸盘均较小。肠伸达虫体末端。睾丸 2 个,卵圆形,相互紧靠,斜列于虫体后端。卵巢圆形,小于睾丸,位于右睾丸的前侧方,与阴茎相对排列。生殖孔开口于睾丸前方的侧面,与腹吸盘相距较远。卵黄腺分布在虫体前部的两侧。子宫发达,内充满大量虫卵,弯曲在虫体的中部。虫卵呈卵圆形,深褐色,大小为(24～32)μm×(16～20)μm,卵壳厚,有卵盖,内含毛蚴。

(二)病原生活史

绵羊斯克里亚平吸虫的发育需要陆地螺作为中间宿主。虫卵随羊等终末宿主的粪便排至体外,被中间宿主吞食后,在其肠内孵出毛蚴,毛蚴移行至螺的消化腺内发育为胞蚴、尾蚴。成熟的尾蚴离开螺体到外界环境中,被同一种螺或同科的其他螺吞食后,在其体内发育为囊蚴。羊放牧时因吞食含囊蚴的陆地螺而感染。囊蚴在羊消化道内脱囊,固着在肠绒毛间,经 3.5～4 周发育为成虫。

(三)流行特点

绵羊斯克里亚平吸虫病在我国主要分布于新疆、青海、甘肃、陕西、西藏、四川等地。绵羊不分年龄普遍感染,感染强度较大,秋季最易感染。

（四）临床症状

本病临床上羊呈现腹泻、贫血、消瘦等症状，主要引起小肠发炎。

（五）诊断

通过粪便检查发现特征性虫卵或剖检发现虫体，即可确诊。

（六）防治

1. 预防

治疗病羊，加强粪便管理，消灭中间宿主和勿让羊吃到囊蚴。

2. 治疗

丙硫苯咪唑（阿苯达唑）：使用剂量为 20mg/kg 体重，口服，疗效良好。母羊妊娠期禁用。

七、羊裂叶吸虫病

羊裂叶吸虫病亦称印度槽盘吸虫病，是由背孔科裂叶属的吸虫寄生于羊的小肠中引起的一种吸虫病。羊裂叶吸虫也可寄生于牛、鹿、狍及熊猫的小肠中，在我国四川、云南、贵州、甘肃等地均有报道。

（一）病原

裂叶属吸虫共有 6 个虫种，我国报道的常见病原有羚羊裂叶吸虫、印度裂叶吸虫等。

羚羊裂叶吸虫虫体呈长叶形，前端尖细，后端钝圆，大小为（2.0～2.6）mm×（0.64～0.68）mm。虫体前部表面有小刺。口吸盘位于亚顶端，类圆形。无咽和腹吸盘。两肠管伸至虫体后部 1/4 处。睾丸呈长柱形，边缘具有多数分瓣。雄茎囊发达，位于虫体前部 1/3～2/3 处，弯曲呈半弧形。生殖孔位于虫体 1/3 的亚腹面。卵巢位于虫体末端中央，呈椭圆形。卵黄腺分布于虫体后部 1/3 处，始自睾丸前缘，终于睾丸亚末端，两侧滤泡后部逐渐向虫体中央靠近。子宫回旋于梅氏腺与雄茎囊中部之间，边缘伸出两肠管外，后接子宫末段至生殖孔，内含大量虫卵。虫卵小，不对称，两端具卵丝，大小为（20～24）μm×（12～15）μm。

印度裂叶吸虫虫体小，粉红色，卵圆形或葵仁形，大小为（1.94～2.80）mm×（0.75～0.85）mm。前部稍窄，半透明；后端钝圆。虫体背面稍隆起，两侧角皮向腹面卷曲，形成一条深凹的沟槽，因而从腹面观察似船形。口吸盘小，位于虫体前端腹面。无咽，食道细短，两肠支沿体侧向后延伸至睾丸内侧后缘水平。无腹吸盘。睾丸呈椭圆形或肾形，不分叶，位于虫体后部两侧、两肠支的最后端。阴茎囊粗大，几乎呈半圆形，位于虫体中部，雄性生殖孔位于虫体左侧侧面。卵巢分为 4～5 叶，位于虫体末端中央，前缘达睾丸后缘水平；每叶呈圆形至椭圆形。梅氏腺位于卵巢正前方，两睾丸之间。卵黄腺呈圆形或椭圆形，13～14 个，分布在虫体后部的两侧。几乎与睾丸处在同一水平线上，并在梅氏腺前方汇合。子宫发达，在虫体后部的 1/3～1/2 之间形成排列整齐而弯曲的横环；子宫末端发达，呈 S 形弯曲。虫卵呈卵圆形，不对称，金黄色，大小为（15～22）μm×（10～17）μm，卵的两端各具一根细长的卵丝，两根卵丝不等长。

(二)病原生活史

裂叶吸虫的生活史尚不清楚。据了解,需1个中间宿主,可能与陆地螺有关。

(三)流行特点

本病分布广泛,在我国四川、云南、贵州、西藏、陕西、福建、江西、重庆等省(区、市)均有报道。印度裂叶吸虫可寄生在羊、牛、鹿、熊猫的小肠,而羚羊裂叶吸虫只寄生在山羊和绵羊的小肠。

一年四季均可感染,多见于夏、秋季节。

(四)临床症状

临床上本病主要表现为急性肠炎或间歇性肠炎,排出的粪便为粥状或水样,黏附于肛门口,恶臭,有时为黏液状。病羊精神沉郁、厌食,常倒地不起,个别严重的可能因脱水衰竭死亡。

(五)剖检变化

剖检可见皮下脱水,小肠外观呈灰白色,其内充满卡他性分泌物。小肠黏膜充血、出血,仔细观察,在小肠内容物中可见细小的吸虫。

(六)诊断

挑取小肠内容物或粪便进行镜检,检出特征性虫卵即可确诊。或剖检病羊尸体,用沉淀法检查小肠内容物,发现虫体即可确诊。

(七)防治

1.预防

一方面要改变饲养方式,减少放牧,避免羊只因采食到含囊蚴的牧草而感染;另一方面定期用硫双二氯酚、丙硫咪唑、吡喹酮、氯硝柳胺等药物进行预防性驱虫。

2.治疗

丙硫苯咪唑(阿苯达唑):使用剂量为30mg/kg体重,口服或拌料。母羊妊娠期禁用。

硫双二氯酚:使用剂量为80mg/kg体重,口服或拌料。

第三节 羊常见绦虫病和绦蚴病

一、羊绦虫病

羊绦虫病是由裸头科莫尼茨绦虫、曲子宫绦虫和无卵黄腺绦虫寄生于绵羊、山羊的小肠内引起的一种慢性、消耗性寄生虫病,其中,莫尼茨绦虫的致病力最强,危害最严重。其主要危害羔羊,轻度感染影响生长发育,严重感染常可造成死亡。多种绦虫既可单独感染,也可混合感染。

(一)病原

1.莫尼茨绦虫

我国常见的莫尼茨绦虫有两种:扩展莫尼茨绦虫和贝氏莫尼茨绦虫。两者外观形态相似,难以区别,均为大型绦虫。

扩展莫尼茨绦虫虫体呈扁平带状,乳白色,由头节、颈节、未成熟节片、成熟节片和孕卵节片组成。长 1~6m,宽约 16mm。头节小,近似球形,上有 4 个椭圆形吸盘,无顶突和小钩。颈节是虫体最细的部分;颈节后是未成熟节片,其生殖器官未发育成熟;成熟节片宽度大于长度,每个成熟节片有两组生殖器官,睾丸分布在节片两侧纵排泄管之间。卵巢呈扇形分叶。从成节向后,每个节片后缘有 8~15 个节间腺,呈泡状,排成一行,其两端几乎达到纵排泄管。孕卵节片被贮藏虫卵的子宫充满,其他生殖器官均消失。虫卵(图 4-15)浅灰色,呈三角形或椭圆形,直径为 $50~60\mu m$,内含一个被梨形器包围的六钩蚴。

贝氏莫尼茨绦虫与扩展莫尼茨绦虫在外观上不易区别,虫体长度可达 6m,最宽处可达 26mm,睾丸较多,约 600 个,节片后缘的节间腺呈密集的小颗粒状,呈横带状,仅排列于节片后缘的中央部位。虫卵(图 4-16)形态结构与扩展莫尼茨绦虫虫卵相似,但以近方形虫卵为多。

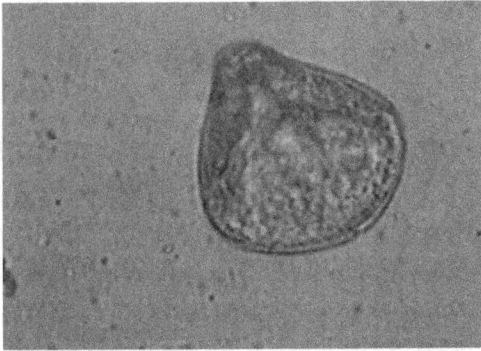

图 4-15 扩展莫尼茨绦虫虫卵

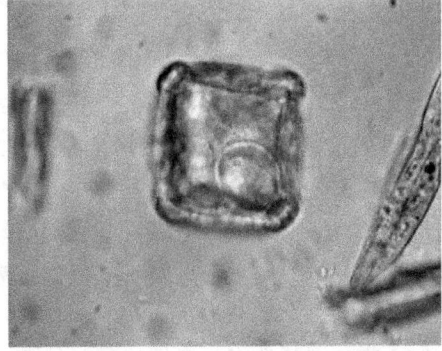

图 4-16 贝氏莫尼茨绦虫虫卵

2.曲子宫绦虫

病原主要为曲子宫属的盖氏曲子宫绦虫,为中型绦虫,呈乳白色,带状,长 1~2m,宽约 12mm,个体大小差异较大。头节小,直径约 1mm,具有四个卵圆形的吸盘,无顶突。节片长度比莫尼茨绦虫小,每个成节节片有一组生殖器官,偶尔也见两组。排列呈环状的卵巢、卵黄腺和卵模梅氏腺靠近生殖孔一侧。生殖孔不规则地交替开口于虫体两侧,使虫体边缘呈不规则的锯齿状。子宫管状横行,呈波状弯曲,几乎横贯节片的全部。睾丸呈颗粒状,位于两侧纵排泄管的外侧。孕节的子宫长且弯曲极多(故名曲子宫绦虫),呈波浪状,内含许多副子宫器,每个副子宫器内有 3~8 个虫卵。虫卵近圆形,直径为 $18~27\mu m$,无梨形器,内含一个六钩蚴。

3.无卵黄腺绦虫

病原主要为无卵黄腺属的中点无卵黄腺绦虫(图 4-17),是反刍动物绦虫中较小的一类。虫体长而窄,体长 2~3m,宽仅为 3mm 左右。头节上有 4 个圆形的吸盘,无顶突和小钩。节片极短,眼观分节不明显。除去体节后部外,肉眼几乎无法辨认其分节。每个成节内有一组生殖器官,生殖孔左右不规则地交替开口于节片边缘,无卵黄腺和梅氏腺,卵巢位于生殖孔的一侧,子宫在节片的中央。睾丸在纵排泄管的内外两侧。由于各节片中央的子宫相互靠近,通过肉眼观察,能明显地看到虫体后部(孕节)中央有一条不透明而凸出的白色线状物,直达链体的末端。虫卵被包在大而壁厚的副子宫器内,直径为 21～38μm,内无梨形器,有六钩蚴。

图 4-17　中点无卵黄腺绦虫

(二)病原生活史

莫尼茨绦虫的发育需要中间宿主地螨参与。成虫寄生于羊小肠,其脱落的孕卵节片或虫卵随羊粪便排出体外。虫卵被中间宿主地螨吞食后,虫卵内的六钩蚴则在地螨的消化道内逸出,穿出肠壁,进入血腔发育为似囊尾蚴(六钩蚴在地螨体内发育成具有感染性的似囊尾蚴所需要的时间主要取决于外界的温度。在 27～35℃时,需 26～30d;在 26℃时,需 51～52d;16～20℃时需 65～90d;16℃时需 107～206d),成熟的似囊尾蚴具有感染性。当羊等终末宿主吃草时将含有似囊尾蚴的地螨吞入后,地螨即被消化而释放出似囊尾蚴,似囊尾蚴用吸盘吸附于羊的小肠壁上寄生,经 45～60d 发育为成虫。成虫在羊体内的存活时间一般为 3个月。

盖氏曲子宫绦虫的生活史不完全清楚。有人认为与莫尼茨绦虫相似,其中间宿主是地螨;还有人实验感染啮虫类成功,但感染绵羊未获成功。

中点无卵黄腺绦虫的生活史尚不清楚,有人认为啮虫类为其中间宿主,现仅确认弹尾目的长角跳虫为其中间宿主。其虫卵被吞食后,经 20d 可在羊体内发育为似囊尾蚴。羊在吃草时因食入含似囊尾蚴的小昆虫而受感染,似囊尾蚴在羊体内约经 1.5 个月发育为成虫。

(三)流行特点

莫尼茨绦虫病在我国分布广泛,在东北、西北和华北广大牧区广泛流行,在华东、中南及西南各地也经常发生。呈地方性流行,在牧区更为普遍,农区较不严重。本病的流行具有明显的季节性,这与中间宿主地螨的分布、习性有密切的关系。在森林牧场或有灌木丛的地带,草层较厚、腐殖质较多的地方,地螨的种类和数量为最多。地螨喜温暖和潮湿,白天躲在深草皮或腐殖质下,夏、秋季节的早晨和傍晚出现于地表层,特别是雨后的地表层。有报道称在此时放牧,羊每吃入 1000g 饲草,就可吞食 3200 多个地螨,所以羊很容易被感染,特别是 1.5～8 月龄的羊。而干燥或热晒时地螨便钻入土中。因此,南方的羊一般在

4—6月容易被感染,北方的感染期一般在6—10月,高峰期一般在5—8月。

成螨在牧地上可存活14～19个月,因此,被污染的牧地可保持感染力近两年之久。由于地螨体内的似囊尾蚴可随地螨越冬,所以,羊在初春放牧一开始,即可遭受感染。

盖氏曲子宫绦虫在我国许多省份均有报道。羊对其有年龄免疫性,小于4～5个月的羔羊不感染曲子宫绦虫,6～8个月以上的绵羊及成年绵羊易感染,多于秋、冬季发病。

中点无卵黄腺绦虫在我国主要分布于新疆、甘肃、青海、宁夏、内蒙古等地,西南和其他地区也有报道。本病具有明显的季节性,多发生于秋季和初冬季节。6个月以上的绵羊和山羊最易感染。

(四)临床症状

在多数情况下是混合感染。盖氏曲子宫绦虫和中点无卵黄腺绦虫的致病力不如莫尼茨绦虫强。患病羊的症状通常与虫体的感染强度及羊的体质、年龄密切相关。感染初期,一般表现为食欲减退、饮欲增加、发育受阻等症状;随着感染时间的延长和感染程度的增加,若虫体阻塞肠管,则病羊表现为腹胀和腹痛,甚至因肠破裂而死亡。严重感染时,羔羊腹泻,粪中常混有虫体节片,呈米粒样,新排出时常可见其蠕动,有时还可见虫体的一段吊在肛门处。病羊被毛粗乱无光,喜卧,起立困难,体重减轻。由于毒素作用,有的病羊也可出现明显的神经症状,如无目的地运动,步履蹒跚,肌肉痉挛或头向后仰等;有的病羊因虫体成团引起肠道破裂,卧地不起,常作咀嚼样运动,口周围有泡沫流出,对外界的反应几乎丧失,直至全身衰竭而亡。

有的羊感染无卵黄腺绦虫后会突然发病,表现为放牧中离群、不食、垂头,几小时后死亡。

(五)剖检变化

剖检死羊可见尸体消瘦、贫血,在小肠内发现数量不等的绦虫虫体。寄生部位呈现卡他性炎症变化。有时可见肠扩张、套叠乃至肠破裂,肠系膜、肠黏膜、肾脏、脾脏甚至肝脏发生增生性变性,肠黏膜、心内膜和心包膜有明显的出血点,脑内有出血性浸润和出血,腹腔有渗出液。

(六)诊断

可根据临床症状、流行情况,同时结合粪便中检查出的绦虫孕卵节片或其虫卵进行确诊。

1. 生前诊断

①检查粪便中是否有绦虫孕卵节片:成熟的孕卵节片会随着粪便排出体外。清晨在羊圈里查看新鲜的羊粪,如有莫尼茨绦虫的病羊,就容易在其粪便表面发现呈黄白色、圆柱状,长约1cm,厚达0.2～0.3cm,形似煮熟的米粒,两端弯曲,开始还会蠕动的孕卵节片。有时可见长短不等、呈链条状的数个孕卵节片。压碎孕卵节片做涂片,镜检,可看到大量灰白色的、特征性的虫卵。

②用饱和食盐水漂浮法检查粪便内的虫卵:取5～10g新鲜羊粪,按1:(10～20)添加饱和食盐水,搅拌均匀,用60目粪筛或双层纱布过滤,将滤液倒入试管,放上盖玻片静置15min后,取下盖玻片进行镜检。可见三角形或方形、内存在梨形器的虫卵,梨形器里面为六钩蚴。

③诊断性驱虫：对因绦虫尚未成熟而无节片或虫卵排出的可疑患病羊，可进行诊断性驱虫。如发现粪便中有虫体的节片或羊病情好转，即可确诊。

2．死后诊断

根据剖检病变和在小肠中检出的虫体可作出诊断。

（七）防治

1．预防

①定期预防性驱虫。根据本病的季节动态，在流行地区每年对羊群进行定期预防性驱虫，一般羔羊在春季放牧后 30～35d，在绦虫成熟期前进行第一次驱虫，10～15d 后再驱虫一次，第二次驱虫后 1 个月再进行第三次驱虫；育成羊、成年羊在放牧 50d 后进行驱虫，每年驱虫 2～3 次。

②粪便处理。驱虫后的粪便要堆积进行生物热发酵处理，以减少虫卵对草场和饲养场地等环境的污染；新鲜羊粪不作施肥用。

③场地清扫，环境消毒。饲养场地每天要清扫粪便并进行堆积发酵，每周对畜圈、运动场进行一次药物喷雾消毒。

④加强饲养管理。合理安排放牧时间和选择放牧地点：尽量减少在早晨、黄昏、雨后、阴天地螨数量较多时放牧或割草，以减少羊群吞食地螨的机会；有条件的最好实行轮牧；经过驱虫的羊群，要转移到没有污染的牧场放牧。被污染的牧地，特别是潮湿的牧地和深林牧地，空闲两年后可以净化。在羊群饲料中添加适量的微量元素、维生素，尽可能避免其由于摄取某些微量元素不足而啃食泥土。

⑤杀灭地螨。通过牧场改良、勤耕翻牧地、更新牧地、种植优良牧草或农牧轮作等措施达到消灭或减少地螨数量的目的。

2．治疗

氯硝柳胺（灭绦灵）：使用剂量为 50～75mg/kg 体重，每只羔羊的最低剂量为 1g，做成 10％水悬液灌服。

硫双二氯酚（别丁）：使用剂量为 75～100mg/kg 体重，口服。

羟溴柳胺：使用剂量为 65mg/kg 体重，口服。

吡喹酮：使用剂量为 10～15mg/kg 体重，口服。

丙硫苯咪唑（阿苯达唑）：使用剂量为 10～20mg/kg 体重，做成 1％水悬液灌服，每日 1 次，连用 2d。母羊妊娠期禁用。

芬苯达唑：使用剂量为 5～10mg/体重，口服。

甲苯咪唑：使用剂量为 15mg/kg 体重，口服。

奥芬达唑：使用剂量为 10mg/kg 体重，口服。

仙鹤草根芽粉：使用剂量为每只羊 30g，1 次内服。

1％硫酸铜溶液：1～3 月龄羊 15～30mL，3～6 月龄羊 30～40mL，6～9 月龄羊 45～80mL，成年绵羊 80～100mL，成年山羊不超过 60mL，现配现用，灌药前一天停止饮水。

二、羊脑多头蚴病

羊脑多头蚴病是由带科带属的多头带绦虫的中绦期幼虫——脑多头蚴（俗称脑包虫）

寄生于绵羊、山羊大脑、延脑及脊髓内引起的一种绦虫蚴病,又称脑包虫病或晕倒病,以脑炎、脑膜炎及一系列神经症状为特征。本病在我国分布广泛,多呈地方性流行,羊均可感染,主要危害两岁以内的绵羊,且一年四季都有感染的可能。人偶尔也可感染。

(一)病原

脑多头蚴(图 4-18、图 4-19)呈圆形或卵圆形,虫体为乳白色、半透明的囊泡状,囊体有豌豆至鸡蛋大小,大小取决于寄生部位、发育程度。囊内充满透明液体。囊壁由两层膜组成,外膜为角质层,内膜为生发层,上附有 100～250 个原头蚴(头节),呈白色粟粒大结节状,其直径为 2～3mm。

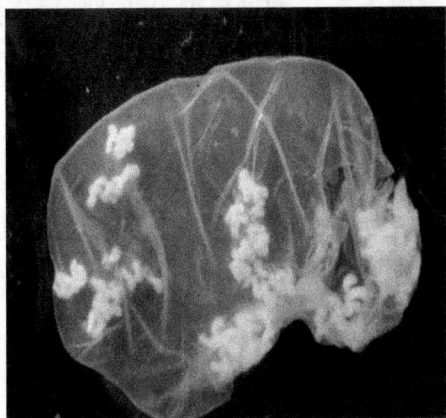

图 4-18 脑多头蚴

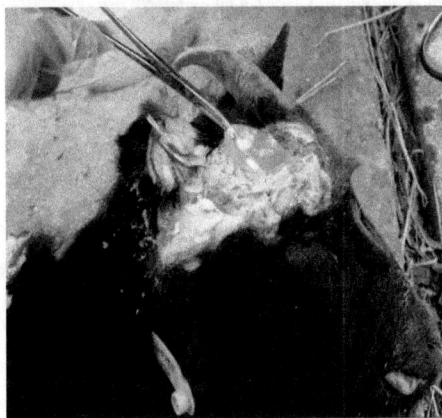

图 4-19 寄生于羊脑部的脑多头蚴

多头带绦虫(图 4-20)虫体长 40～100cm,宽 3～6mm,由 200～250 个节片组成。头节小,呈梨形,上有 4 个圆形吸盘,顶突上有 22～32 个小钩,排列成两行。成熟节片呈方形或长大于宽。卵巢分为相等的两叶。睾丸呈长圆形,有 200 个左右,主要分布在节片两侧排泄管的内侧。生殖孔不规则地交替开口于节片侧缘。孕卵节片内,子宫每侧的分枝数有 18～26 个,其内充满虫卵。虫卵(图 4-21)呈球形,直径为 20～37μm,外被一层辐射线条状的胚膜,内含一个六钩蚴。

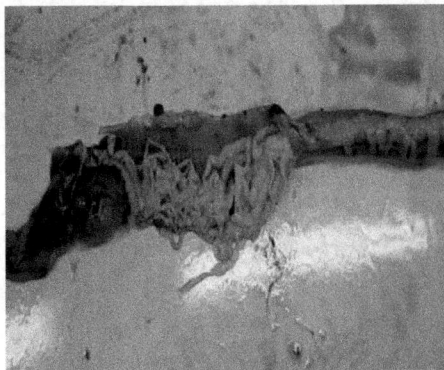

图 4-20 寄生于犬肠道的多头带绦虫

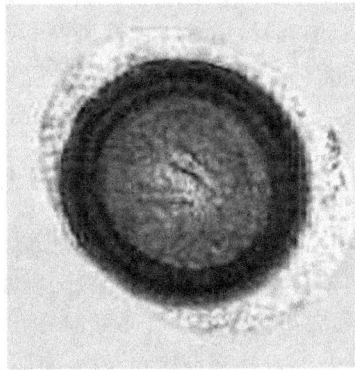

图 4-21 多头带绦虫虫卵

(二)病原生活史

多头带绦虫成虫寄生于犬(或狼、狐等肉食动物)的小肠内,发育成熟后,其脱落的孕卵节片随粪便排出体外,释放出大量虫卵污染草场、饲料或饮水,这些虫卵被绵羊、山羊等中间宿主吞食后,在其消化道中逸出六钩蚴,六钩蚴随即钻入肠黏膜血管内随血液流到脑和脊髓,经 2~3 个月发育为具有感染性的脑多头蚴。六钩蚴也可被血液带到身体其他部位发育,但不久即死亡。多头蚴在羊脑内发育较快,一般感染 2 周就能发育至粟粒大,6 周后其囊体直径可达 2~3cm,经 8~13 周后囊体直径可达 3.5cm,并具有发育成熟的原头蚴。囊体经 7~8 个月后停止发育,其直径可达 5cm 左右。犬、狼等终末宿主吞食了含有脑多头蚴的动物脑或脊髓后,多头蚴在其消化液的作用下,囊壁溶解,其内的原头蚴附着在小肠黏膜上开始发育,经 41~73d 发育为成虫。脑多头蚴内的每一个原头蚴在宿主小肠内均可发育成一条多头带绦虫。成虫在犬等终末宿主的小肠内可生存数年之久。

(三)流行特点

脑多头蚴病呈世界性分布,主要见于亚洲、非洲、欧洲等地。在我国分布极其广泛,在黑龙江、吉林、新疆、内蒙古、甘肃、青海、宁夏、四川等 23 个省(自治区、直辖市)均有报道,其中新疆、内蒙古、宁夏等地的发病率较高。多呈地方性流行。无论在牧区,还是在农区,只要有养犬的习惯,且犬有采食生肉和未进行驱虫的情况,均可发生本病。

本病一年四季均可发生,但以 9~12 月多发。

两岁以内的绵羊对本病最易感。本病多见于犬活动频繁的地方,在牧区,牧羊犬是主要感染源。在污染严重地区,呈现较高的发病率和病死率。同时,虫卵对外界因素的抵抗力很强,在自然界中可长时间保持生命力,而在日晒的高温下很快死亡。

(四)临床症状

脑多头蚴病是一种神经系统疾病,有典型的神经症状和视力障碍,临床症状主要取决于包囊寄生部位和大小。患病的全过程可分为前期与后期两个阶段。前期为急性期,后期为慢性期。

1.急性期

与脑炎症状相似,以羔羊表现最为明显。感染初期,六钩蚴进入脑组织,虫体在脑膜和脑组织中移行,引起机械性刺激和损伤,导致脑炎和脑膜炎。常见患病羊体温升高,离群,目光无神,采食减少,流涎,脉搏、呼吸加快,甚至有强烈的兴奋感,作回旋、前冲或后退运动,有痉挛性抽搐等。有时精神高度沉郁,长时间躺卧。部分病羊在 5~7d 内因急性脑炎而死亡,没有死亡的病羊则进入慢性期。

2.慢性期

病羊耐过急性期后,症状表现逐渐消失,经 2~6 个月的缓和期,由于多头蚴不断发育长大,病羊会再次出现明显症状。随虫体寄生部位的不同,病羊转圈的方向和姿势不同。当多头蚴寄生在羊大脑某半球时,除使病羊向被虫体压迫的同侧做转圈运动(向左转则虫体在左侧,向右转则虫体在右侧)外,还常造成对侧的视力障碍,甚至失明,病部头骨叩诊呈浊音,局部皮肤隆起、压痛、软化,对声音刺激反应很弱。虫体寄生在大脑正前部时,常见羊头下垂做直线运动,碰到障碍物时头抵物体呆立不动。多头蚴寄生在大脑后部时,病羊表现为头高举或做后退运动,直到跌倒卧地不起,并常出现强直性痉挛。多头蚴寄生在小脑时,病羊站立或运动失衡,易摔倒,对外界干扰和声响易惊恐。多头蚴寄生在脊髓时,病羊步态不稳,转弯时最明显,后肢麻痹;当膀胱括约肌发生麻痹时,则出现小便失禁。此外,病羊还表现为食欲减退,甚至消失;由于不能正常采食和休息,体重逐渐减轻,显著消瘦、衰弱,常在数次发作后或陷于恶病质时死亡。

(五)剖检变化

急性死亡的病羊有脑膜炎和脑炎病变,在脑部还可见六钩蚴在其脑膜中移行时留下的弯曲伤痕。可在慢性期病例的脑、脊髓的不同部位发现1个或数个大小不等的囊状多头蚴;在病变或与虫体相接的颅骨处,骨质松软、变薄,甚至穿孔,致使皮肤向表面隆起。病灶周围的脑组织发炎,有时可见萎缩变性和钙化的多头蚴。

(六)诊断

患本病的羊表现出一系列特征性神经症状和转圈运动,根据症状和病史可作出初步诊断,但要注意与某种特殊情况下的莫尼茨绦虫病、羊鼻蝇蛆病、维生素A缺乏症以及脑瘤或其他脑部疾患的神经症状相区别,即这些疾病一般不出现头骨变软、变薄和皮肤隆起的现象。有些病例经尸体剖检可以确诊。

在病羊生前可使用脑多头蚴囊壁、原头蚴制成变态反应原,进行变态反应诊断。即用脑多头蚴囊壁及原头蚴制成乳剂变态反应原,用生理盐水作1∶20倍稀释,在羊上眼睑皮内注射0.2mL,患羊注射1h后,呈现皮肤肥厚、肿大(直径1.75~4.2cm),并保持6h左右,则判为阳性。

目前有应用IHA、以脑多头蚴重组抗原(如Pz、GP50)建立的ELISA、斑点酶联免疫吸附试验(Dot-ELISA)、斑点免疫金渗滤法进行诊断的报道。也有用限制性片段长度多态性分析(PCR-RFLP)、多重PCR等进行诊断的报道。

(七)防治

1. 预防

①防止犬感染绦虫。防止犬等肉食动物食入带脑多头蚴的脑、脊髓,对病死羊的脑和脊髓应烧毁或做深埋处理,禁止任意抛弃或让犬等肉食动物吃入。

②定期驱虫。对犬、羊群定期驱虫。严格管理犬,对牧区所养的护羊犬和家犬应用吡喹酮(5~10mg/kg体重,一次口服)、硫双二氯酚(0.1g/kg体重,一次口服)或氢溴酸槟榔碱(1.5~2mg/kg体重,一次口服)进行定期驱虫,可每季度给犬投驱虫药1次。驱虫期间将犬拴养1周,并将其粪便深埋或烧掉,防止犬粪便污染草场、饲料和水源;对牧地附近的野犬、豺、狼、狐狸等终末宿主应予以驱赶。羊的驱虫次数根据感染情况而定,严重流行地区每年驱虫6~8次,一般流行地区每年驱虫4次即可。

2. 治疗

(1)药物治疗

对早期病例可试用药物治疗。

吡喹酮:使用剂量为50mg/kg体重,口服,连用5d,或以20mg/kg体重深部肌内注射,连用2d。

丙硫苯咪唑(阿苯达唑):使用剂量为 15mg/kg 体重,口服,连用 3d。母羊妊娠期禁用。

奥芬达唑:使用剂量为 30mg/kg 体重,口服,隔天 1 次,连用 3 次。

甲苯咪唑:使用剂量为 400mg/只,口服,每日 3 次,连用 3~5 周。

(2)手术治疗

对价值较高的慢性型病羊,可采用手术治疗,将包囊摘除。其方法是:以病羊的特异运动姿势,确定虫体大致的寄生部位,用镊子或手术刀柄压迫头部脑区,寻找压痛点,再用手指压迫,感觉到局部骨质松软处,多为寄生部位,再施叩诊术,病变部多为浊音。或用 X 射线或 B 超检查,确定手术部位。在病部区局部剪毛,用 2%碘酊消毒,再用 75%酒精消毒,局部浸润麻醉,在骨质变软的部位作 U 形切口,切开皮肤及皮下组织,分离皮瓣,将它翻过并用线加以固定,但不切破骨膜。切口长宽均为 2cm(注意切口应在低处,及时止血)。用圆锯在骨质上开一小孔,用力均匀,使脑膜暴露(同时,助手保定好羊)。确定包囊位置后,用注射针头避开血管刺入脑膜,发现有液体向外流出后,连接注射器并抽动活塞,尽量吸取囊液,直至吸尽为止。再摘除囊体,用止血纱布擦拭手术部位,然后加入少量青霉素,把骨膜拉平,遮盖圆锯孔,最后皮肤结节缝合,涂上碘酊后用火棉胶或绷带绑扎,保护术区。为防止细菌感染,可于手术后 3d 内连续注射青霉素 80 万单位。也可不做切口,直接用注射针头从外面刺入囊内抽出囊液,再注入 95%酒精 7~8mL,即可杀死虫体。手术中要严防局部血管破裂。术后注意抗菌消炎,加强护理。

三、羊棘球蚴病

棘球蚴病又称包虫病,是由带科棘球属的细粒棘球绦虫的中绦期幼虫——细粒棘球蚴寄生于绵羊、山羊、牛、猪、骆驼及其他动物和人的肝脏、肺脏及脑、肾脏、心脏等其他器官内所引起的一种重要的人畜共患的寄生虫病。其成虫寄生于犬、狼、狐及其他肉食动物的小肠内。本病对绵羊的危害最为严重,会使幼羊发育缓慢,使成年羊的毛、肉、奶产量减少,质量降低,患病羊的肝脏和肺脏因病废弃,不但给畜牧业造成严重经济损失,还对公共卫生的影响很大,严重威胁着人类生命安全。

本病在 2008 年我国修订的《一、二、三类动物疫病病种名录》(中华人民共和国农业部公告第 1125 号)中被列为二类动物疫病,在《国家中长期动物疫病防治规划》(2012—2020年)中被列为优先防治和重点防范的动物疫病。

(一)病原

细粒棘球蚴呈单泡型(因此也叫单房棘球蚴),虫体为近球形的囊泡状,囊内充满无色或微黄色的透明囊液,大小不一,小的虫体如黄豆大,大的虫体直径达 50cm,内含囊液十余升。棘球蚴的囊壁由两层构成,外层为乳白色的角质层,无细胞结构,内层为生发层(又称胚层),内层上可长出许多头节样的原头蚴,有的原头蚴可形成有小蒂连接或空泡化的生发囊。生发囊较小,常可由胚层脱落下来悬浮于棘球蚴中,其内壁也可生长出数量不等的原头蚴。棘球蚴的胚层或生发囊可在母囊内转化为子囊,子囊和母囊结构相同,同样产生原头蚴和生发囊。此外,在子囊的内壁还可生长孙囊,故一个发育良好的棘球蚴内所含原头蚴可达 200 万个。游离于囊液内的子囊和原头蚴,肉眼看似砂粒,被称为棘球砂。子囊、头节及胚层组织碎片若脱离母囊逸散到各脏器组织中,都可能发育为独立的棘球蚴。有的胚层不一定长出原头蚴,这种无原头蚴的囊称为不育囊,不育囊可长得很大,但在流行病学上没有什么意义,不感染动物。牛有 90%不育囊,羊为 8%,猪为 20%,这表明羊是棘球蚴最适宜的中间宿主。能长原头蚴的囊称为育囊。

细粒棘球绦虫虫体很小,是绦虫中最小的种类之一。全长仅 2~7mm,由 1 个头节和 3~4 个节片组成。头节略呈梨形,有顶突和 4 个吸盘,顶突上有两圈小钩,共 28~48 个。除头节外,通常仅有一个未成熟节片、一个成熟节片和一个孕卵节片。成熟节片内有一组生殖器官。生殖孔不规则交替开口于节片侧缘的中线后方,睾丸有 35~55 个,雄茎囊呈梨状,卵巢左右两瓣。孕节子宫膨大为盲囊状,有 12~15 个侧枝,其内充满虫卵。虫卵大小为 $(32\sim36)\mu m \times (25\sim30)\mu m$,外被一层辐射状的胚膜,内含 1 个六钩蚴。

(二)病原生活史

细粒棘球绦虫寄生在犬、狼、狐等肉食动物的小肠上段,1 只犬感染虫体的数量甚至可达数千条之多,其孕卵节片或虫卵随粪便排出体外,污染牧草、牧场和水源。当羊等中间宿主食入被孕卵节片或虫卵污染的饲草、饲料或饮水后,卵膜因胃酸作用被破坏,六钩蚴逸出,钻入肠黏膜血管,随血液流到全身各组织,逐渐生长发育为棘球蚴。棘球蚴最常见的寄生部位是肝脏和肺脏,经 5~6 个月发育为具有感染性的棘球蚴。在中间宿主体内,棘球蚴的生长可持续数年之久。犬等终末宿主食入含有棘球蚴包囊的动物内脏及组织后,棘球蚴包囊内的原头蚴在小肠内逸出,固着于肠壁上,经 40~50d 发育成细粒棘球绦虫。成虫在犬体内的寿命为 5~6 个月。

(三)流行特点

细粒棘球蚴病呈世界性分布,尤以牧区最为多见。在我国有 23 个省(自治区、直辖市)均报道过,尤以新疆、青海、宁夏、甘肃、西藏、内蒙古、四川等 7 省(自治区)最为常见,其次是陕西、山西和河北的部分地区。另外,在东北三省、河南、山东、安徽、湖北、贵州、云南等省有散发病例。常呈地方性流行。

犬、狼为散播病原的主要媒介,被虫卵污染的饲草和饮水可直接感染羊等中间宿主,其中绵羊对本病最易感,感染率最高,受威胁最大,在流行病学上有很重要的意义。其他动物,如山羊、牛、马、猪、骆驼、野生反刍动物亦可感染。本病多发于冬季和春季。

虫卵对外界环境的抵抗力较强,可以耐低温和高温,对化学物质也有一定的抵抗力,但阳光直射能使其死亡。

(四)临床症状

轻度感染和感染初期通常无明显临床症状。如果棘球蚴侵占肺部,就会引起呼吸困难和微弱咳嗽。听诊肺部病区,病灶下呼吸音减弱或无呼吸音,叩诊为半浊音、浊音。如果棘球蚴破裂则全身症状加重,病情恶化,甚至引起窒息死亡。肝脏感染严重时,叩诊肝浊音区扩大,触诊浊音区,病羊表现疼痛。当肝脏容积极度增加时,可见右侧腹部稍有膨大。绵羊较敏感,死亡率也较高。严重感染时,患羊表现为被毛粗乱,逆立,脱毛,营养不良,反刍无力,消瘦,贫血,黏膜黄染。按压肺、肝区可引起疼痛。有明显的咳嗽,咳后病羊往往卧地,不愿起立。

(五)剖检变化

病变主要见于细粒棘球蚴常寄生的肝脏和肺脏。可见肝脏、肺脏表面凹凸不平,有数量不等,粟粒大到足球大,甚至更大的棘球蚴包囊突出于肝、肺表面;肝、肺实质中也可发现大小不等的棘球蚴包囊,囊内含有大量液体,除不育囊外,取囊液静置后,即可见大量棘球砂。有时棘球蚴也可发生钙化和化脓。此外,有时在脾脏、肾脏、脑等其他脏器、肌内及皮下也可发现棘球蚴。

(六)诊断

1.中间宿主

生前诊断有一定困难,根据流行病学特征和临床症状可进行初步诊断。可采用皮内变态反应、间接血凝试验(IHA)、酶联免疫吸附试验(ELISA)等方法进行辅助诊断。对动物尸体进行剖检时,发现棘球蚴即可确诊。

通过皮内变态反应进行诊断的具体操作:在新鲜棘球蚴的囊液中加入0.01%硫柳汞,置冰箱过夜,沉淀后取上层液经无菌操作过滤,得到不含头节的囊液作为抗原,于剪毛消毒后的颈部皮肤上作皮内注射0.1～0.2mL,同时用生理盐水在另一部位注射(相距应在10cm以外)作为对照。如果在注射5～15min(最迟不超过1h)后,注射局部出现直径为0.2～2cm的红肿,随后红肿的周围出现红色圆圈,圆圈在几分钟后变成紫红色,经15～20min又变成暗樱色,即为阳性反应。不表现红肿的则为阴性反应。此方法与感染其他绦虫蚴的羊能产生交叉反应,故准确率仅70%左右。

2.终末宿主

(1)生前诊断

可采用虫卵检查、槟榔碱试验、间接血凝试验(IHA)、双抗体夹心酶联免疫吸附试验(双抗体夹心ELISA)、PCR技术等。

虫卵检查:采集新鲜犬粪经漂浮法集卵后,在显微镜下观察有无带科绦虫卵。该法直观、简便、快速、成本低,但存在带科虫卵在形态上无法鉴别,成熟期前无法检测到虫卵的缺陷。检测前应对粪样进行热处理以灭活虫卵。

槟榔碱试验:曾用于犬群绦虫感染流行病学调查的检测。禁食12h后,将槟榔碱按1mg/kg体重投喂犬,但该药对15%～25%的犬无排便效果。服药犬先排粪,后排黏液,一般收集黏液进行检查。使用本方法必须进行严格的安全防护。

双抗体夹心酶联免疫吸附试验:可对犬、狐狸等终末宿主的粪抗原进行检测,同时用于对细粒棘球绦虫和多房棘球绦虫感染的诊断,灵敏度高。粪抗原在感染后的第2～3周可检出,同时,不需要新鲜粪便样本,操作简便,方便计算和统计。目前,国内已有商业化的棘球绦虫抗原ELISA和抗体ELISA试剂盒。

此外,也可用PCR、RFLP-PCR等分子生物学方法对细粒棘球绦虫基因型和棘球属绦虫的成虫、幼虫和虫卵进行虫种鉴别。

(2)死后诊断

在严格的安全防护下剖检犬科动物后检查其小肠,对小肠内容物和肠黏膜直接进行观察或在淘洗后进行观察,检查有无虫体寄生。

(七)防治

1.预防

①对犬进行定期驱虫。在流行地区,对牧羊犬和家犬至少每个季度进行1次驱虫,常用药物有吡喹酮(剂量为5～10mg/kg体重,口服)或氢溴酸槟榔碱(剂量为2mg/kg体重,禁食12～18h后口服)。服药后应拴留一昼夜,并将犬排出的粪便及垫草等全部烧毁或做深埋处理,以防病原扩散传播。

②严格执行屠宰羊的兽医卫生检验工作及屠宰场的卫生管理,对寄生有棘球蚴的病畜脏器一律进行深埋或烧毁,严禁用来喂犬,也不能随便丢弃,以防被犬或其他肉食动物食入。

③做好饲草、饮水和圈舍的清洁卫生,防止被犬粪污染。

④对野犬、狼、狐狸等终末宿主应予以驱赶。

⑤对羊等中间宿主用羊棘球蚴(包虫)病基因工程亚单位重组疫苗(EG95)进行免疫。4～6月龄绵羊可进行第一次皮下注射,间隔1个月,再进行第2次免疫。在第2次免疫后的6个月至1年期间进行第3次免疫,能使保护力持续3～4年。由于该疫苗对已经感染细粒棘球蚴并形成包囊的动物没有保护作用,因此,每年新生的动物都应该按上述免疫程序进行免疫,才能对整群动物建立起完全的免疫保护力。

2.治疗

目前对本病比较可靠的方法是用手术摘除棘球蚴或切除被寄生的器官。但此法很少用于家畜的治疗。

吡喹酮:使用剂量为25～30mg/kg体重,口服,每日1次,连用5d。

丙硫咪唑:使用剂量为90mg/kg体重,口服,每日1次,连用2次。对原头蚴的杀虫率为82%～100%。母羊妊娠期禁用。

四、羊细颈囊尾蚴病

羊细颈囊尾蚴病是由带科带属的泡状带绦虫的中绦期幼虫——细颈囊尾蚴寄生于绵羊、山羊等多种家畜的肝脏浆膜、大网膜、肠系膜及其他器官中所引起的一种绦虫蚴病。本病主要感染羔羊,使其生长发育受阻,体重减轻。当大量感染时,病羊可因肝脏严重受损而死亡。也见于猪、牛、骆驼、马等多种家畜及松鼠、野生反刍动物和灵长类。本病在全国各地均有不同程度的发生,但多见于与犬接触较为密切的饲养场和牧区羊发病。

(一)病原

细颈囊尾蚴(图4-22),俗称"水铃铛",多悬垂于腹腔脏器上。其虫体呈囊泡状,乳白色,内含透明液体。囊体大小不一,由黄豆大到鸡蛋大。囊壁外层厚而坚韧,是由宿主结缔组织形成的包膜,注意与棘球蚴相区别。虫体的囊壁则薄而透明。肉眼观察时,可见囊壁上有一个不透明的乳白色头节,头节和囊体之间有一个细长的颈部,故名细颈囊尾蚴。

泡状带绦虫虫体呈乳白色或稍带黄色,体长0.75～5m,链体由250～300个节片组成。头节上有4个吸盘,顶突上的26～46个小钩排成两列。虫体前部的体节宽而短。成节有生殖器官一套,生殖孔左右不规则地交互开口。睾丸有600～700个,分布在纵排泄

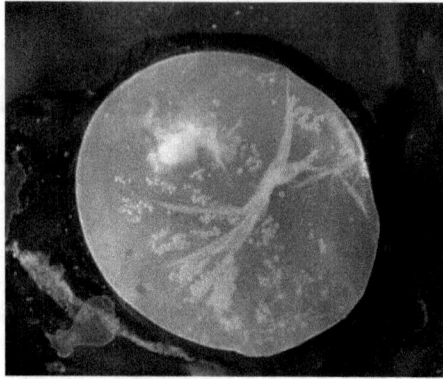

图 4-22　细颈囊尾蚴

管之间。卵巢分成两叶。孕节的长度大于宽度,子宫每侧的分枝数为 10～16 个,每个侧枝又有小分枝。子宫内充满虫卵。虫卵近圆形,大小为 $(36～39)\mu m×(31～35)\mu m$,内含六钩蚴。

(二)病原生活史

泡状带绦虫成虫在犬、狼、狐等食肉动物的小肠内寄生,发育成熟后孕节或虫卵随粪便排出体外,污染草场、饲料或饮水。当中间宿主羊等食入被虫卵污染的饲草、饲料和饮水后,六钩蚴在羊的消化道内逸出,钻入肠壁血管,随血液流到肝脏,并由肝实质中逐渐移行至肝脏表面,或进入腹腔内寄生于大网膜、肠系膜及腹腔的其他部位,甚至可进入胸腔寄生于肺脏。其生长发育 3 个月左右具有感染能力。

当犬、狼、狐等终末宿主吞食了含有细颈囊尾蚴的脏器后,细颈囊尾蚴在小肠中翻出头节,附着在肠壁上,经过 52～78d 发育为泡状带绦虫。成虫在犬的小肠中可生存一年之久。

(三)流行特点

细颈囊尾蚴病呈世界性分布,在我国各地普遍流行,见于四川、山东、福建等地。其流行原因主要是感染泡状带绦虫的犬、狼等动物的粪便中会排出绦虫的孕卵节片或虫卵,污染了牧场、饲料和饮水,进而使羊等中间宿主遭受感染。每逢农村杀猪宰羊时,凡随便丢弃在地的不宜食用的废弃内脏,均易被犬吞食,使犬感染泡状带绦虫。犬的这种感染方式和这种形式的循环,在我国农村很常见。

此外,蝇类也是不容忽视的重要传播媒介。

(四)临床症状

成年羊除个别感染严重者会有临床症状外,一般症状表现不明显。羔羊常有明显的症状。当肝脏及腹膜在六钩蚴的作用下发生炎症,甚至诱发急性腹膜炎时,病羊体温升高至 40.0～41.5℃,精神沉郁,食欲减退,腹水增加,按压腹壁有疼痛感。一些病例腹腔内出血,腹部容积增大,也有的出现咳嗽、气喘、呼吸困难等呼吸道症状,甚至发生死亡。经过 9～10d 急性发作后则转为慢性病程,一般表现为消瘦、衰弱并且出现黄疸等症状。

(五)剖检变化

急性病例,可见肝脏肿大,边缘钝圆,肝表面有很多小结节和出血点,在肝实质中和肝被膜下可见虫体移行的虫道,胆囊肿大。初期虫道内充满血液,继而逐渐变为黄灰色。肝表面被覆大量灰白色纤维素性渗出物,质地较软。若引起急性腹膜炎,腹腔内有积水并混有渗出的血液,积液中能找到幼小的囊尾蚴体。慢性病例,在肝脏包膜、网膜、肠系膜和腹腔内有数量不等、大小不一(小者如豌豆,大者如鸡蛋)的乳白色透明状包囊,肝脏局部组织色泽变淡,呈萎缩现象,肝浆膜层发生纤维素性炎症,也有引起支气管炎、肺炎和胸膜炎的报道。

(六)诊断

细颈囊尾蚴病在病羊生前诊断非常困难,可试用 IHA、ELISA 等血清学方法。诊断时须参照其临床症状,并在尸体剖检时发现细颈囊尾蚴虫体及相应病变才能确诊。在肝脏中发现细颈囊尾蚴时,应与棘球蚴相区别。细颈囊尾蚴只有一个头节,壁薄而透明;棘球蚴壁厚而不透明。

终末宿主实验室诊断以粪便检查虫卵或孕卵节片为主。

(七)防治

1.预防

严禁犬进入屠宰场,禁止用含有细颈囊尾蚴的肝脏、网膜等脏器喂犬或让其被野犬、狼食入,必须进行无害化处理。在该病的流行地区应每月定期用吡喹酮(5～10mg/kg 体重,口服)、氢溴酸槟榔碱(30mg/kg 体重,口服)或丙硫咪唑(15～20mg/kg 体重,口服)对犬进行驱虫。犬在服用药物之后,拴留 3～5d,收集在此期间排出的粪便并进行堆积发酵或沤肥,防止其污染羊的饲草、饲料和饮水,这样可有效防止该病的发生。平时要加强羊的饲养管理,喂品质优良的牧草,并注意适当补充多种微量元素、维生素以及适量的精料,确保机体生长发育所需的营养得到满足,增强体质,提高羊的抗病力。同时做好圈舍的清洁卫生工作,注意饮水、饲料的卫生,防止被犬粪污染。

2.治疗

吡喹酮:使用剂量为 50mg/kg 体重,口服,每天 1 次,连用 2d。

丙硫苯咪唑(阿苯达唑):使用剂量为 20mg/kg 体重,口服,隔日 1 次,连用 3 次。母羊妊娠期禁用。

氢溴酸槟榔碱:使用剂量为 2mg/kg 体重,一次口服,用药前应隔夜禁食。

如果病羊发生贫血,可肌内注射维生素 B_2 和 3～5mL 右旋糖酐铁;如果病羊伴有发热、炎症,则可肌内注射安乃近、青霉素、链霉素等;如果病羊体质虚弱无法采食,则要补液等。

五、羊囊尾蚴病

羊囊尾蚴病是由带科带属的羊带绦虫的中绦期幼虫——羊囊尾蚴寄生于羊的心肌、骨骼肌等处引起的寄生虫病。此虫偶尔也见于肺、肝、肾、脑、胃肠壁等处。对羔羊有一定的危害。成虫寄生于犬、狼等食肉动物的小肠内。

(一)病原

羊囊尾蚴呈椭圆形,大小为(4～9)mm×(2～3)mm,为乳白色囊泡状,囊内充满无色透明液体,囊壁一端有一个凹入囊内的乳白色头节。

羊带绦虫呈乳白色,体长45～100cm。头节上有两排小钩,22～36个。成节有一组生殖器官。睾丸在节片前端会合,在后端不会合。阴茎囊呈小的椭圆形,仅延伸到与纵向排泄管间距的一半处,但如果体节收缩则可到达排泄管。生殖孔位于节片侧缘中点稍后处,生殖乳头非常突出。卵巢分为大小不等的两叶。孕节子宫每侧有20～25个侧枝。虫卵大小为(30～40)μm×(24～28)μm。

(二)病原生活史

羊带绦虫成虫寄生于犬、狼、豺等犬科动物的小肠内,其脱落的孕卵节片或虫卵随粪便排出体外,被其中间宿主羊吞食后,虫卵内的六钩蚴在胃肠道逸出,钻入肠壁血管,随血液流到肌肉和其他组织,经2.5～3个月发育为成熟的羊囊尾蚴。羊囊尾蚴主要寄生于绵羊和山羊的心肌、膈肌、咬肌、舌肌等处,偶见于肺脏、肝脏和脑组织。

犬、狼、豺等终末宿主食入含有羊囊尾蚴的肉品后,羊囊尾蚴在其小肠内翻出头节并固着在肠壁黏膜上,约经7周发育为成虫。

(三)流行特点

羊带绦虫呈世界性分布,主要在牧区的犬和绵羊之间完成生活史循环。杨光友等(2017)报道在我国黑龙江、辽宁、新疆、山西、甘肃、青海、贵州等地均有发生。

(四)临床症状

羊感染囊尾蚴后通常无明显症状,急性期可有发热、肌肉肿痛、末梢血液酸性粒细胞数量明显增多等临床表现。对羔羊有一定危害,严重感染时可引起死亡。

(五)诊断

生前诊断相当困难,需剖检后在羊体内发现羊囊尾蚴才能确诊。

(六)防治

对患有羊囊尾蚴病的羊的治疗意义不大,应以预防为主。主要措施包括:在流行地区给犬进行定期驱虫(方法参见脑多头蚴病)。严禁用含羊囊尾蚴的肉品或内脏喂犬。防止犬粪污染羊舍、饲料、饮水、外界环境等。此外,目前国外已有商品化的羊囊尾蚴疫苗,可在一定程度上控制该病。

第四节　羊常见线虫病

一、羊血矛线虫病

羊血矛线虫病是由毛圆科血矛属的捻转血矛线虫、柏氏血矛线虫、似血矛线虫等寄生于羊皱胃和小肠内引起的一种线虫病,又称捻转胃虫病,对羊有很强的致病力,是危害养羊业发展的主要线虫病之一。病羊的临床特征为消瘦、贫血、腹泻、衰竭、下颌或颜面水肿,肥壮羔羊常因极度贫血而突然死亡。本病在我国普遍流行,多发生于放牧羊群、超载牧地和炎热多雨季节。该病常导致羊群发生持续性感染,从而给养羊业带来严重损失。

(一)病原

捻转血矛线虫(图 4-23)在皱胃中属于大型线虫,细长,呈毛发状。头端尖细,口囊小,内有一位于背侧的角质齿,也称背矛。颈乳突明显,呈锥形,伸向后侧方。雄虫长15～19mm,因吸血虫体呈淡红色。交合伞发达,两侧叶长,肋细长,有一小背叶,偏左侧,背肋呈"人"字形或倒 Y 形。交合刺两根,近末端各有一个小的倒刺(图 4-24)。引器呈梭形。雌虫个体较大,长 27～30mm,因白色的子宫环绕于红色含血的肠道周围,形成红白线条相间的麻花状外观,故称捻转血矛线虫,亦称捻转胃虫,俗称"麻花虫"。阴门位于虫体后半部,有一个显著的瓣状阴门盖(图 4-25)。虫卵(图 4-26)呈灰白色或无色,椭圆形,卵壳壁薄而光滑,大小为(75～95)μm×(40～50)μm,新鲜虫卵内含 13～32 个胚细胞。

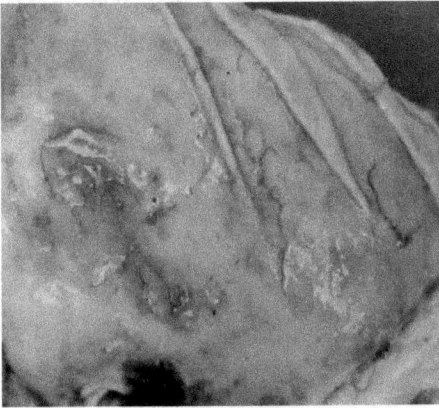

图 4-23 寄生于皱胃的捻转血矛线虫

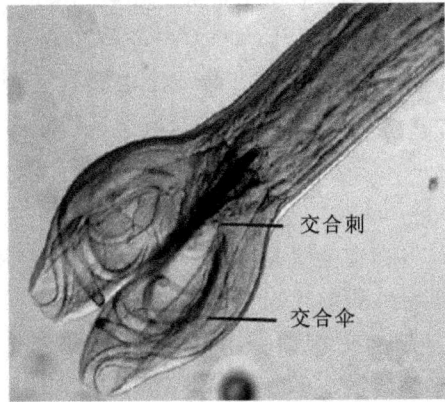

交合刺
交合伞

图 4-24 捻转血矛线虫雄虫尾部

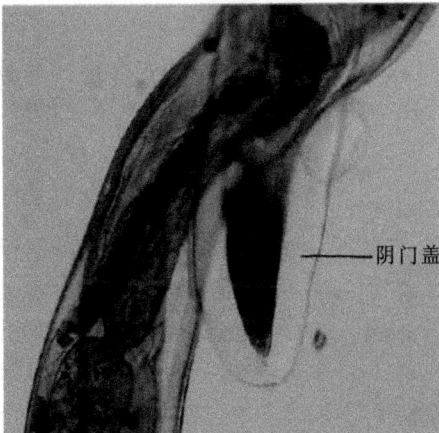

阴门盖

图 4-25 捻转血矛线虫雌虫阴门盖

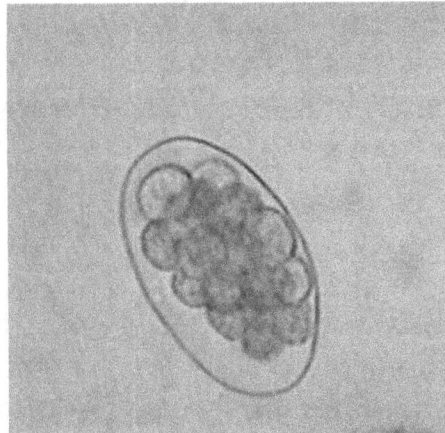

图 4-26 捻转血矛线虫虫卵

柏氏血矛线虫虫体形态与捻转血矛线虫相似,不同之处在于其雌虫的阴门盖呈小球状。

似血矛线虫虫体形态与捻转血矛线虫相似,不同之处在于其虫体较小,背肋较长,交合刺较短。

(二)病原生活史

捻转血矛线虫在发育过程中不需要中间宿主,为直接发育型。成虫主要寄生于羊的皱胃,偶见于小肠,以羊的血液和黏膜为食。寄生于羊体内的雌、雄虫交配后,雌虫每天可产 5000~10000 个虫卵。虫卵随羊的粪便排出体外,在外界适宜的温度、湿度条件下,经 4~5d 孵化为第一期幼虫(L1),随后发育至第二期幼虫(L2),约 7d 即发育为带鞘的第三期幼虫(L3),第三期幼虫为感染性幼虫,对外界环境的抵抗力强,在干燥环境中可存活一年半。常在清晨、傍晚或阴天爬到草叶、草茎上或附着于露水中。放牧的羊会因采食时吞入感染性幼虫而发生感染。经口感染的幼虫在瘤胃中脱掉囊鞘,最终到达皱胃,钻入皱胃黏膜。感染后 36h,幼虫经一次蜕皮发育至第四期幼虫(L4),然后返回黏膜表面,之后出现口囊,并吸附于皱胃黏膜上。感染后 18d,再经一次蜕皮逐渐发育为成虫,游离在皱胃腔中,通过吸血引起宿主贫血和胃肠黏膜炎症病变。感染后 18~21d,宿主粪便中出现虫卵。感染后 25~35d,达到产卵高峰。成虫寿命大约为 1 年。

(三)流行特点

本病在全国各地有不同程度的发生和流行,羔羊和青年羊的发病率及死亡率较高,成年羊对此病的抵抗力较强。

本病的发生有一定的季节性,多发生于温暖、潮湿的季节,高发季节始于 4 月,5—6 月到达高峰,7 月发病略少,但 8—10 月也易暴发,冬季发病极少。低洼、潮湿的草地有利于本病的传播。早晚阳光较弱和阴天的情况下,羊群在草地上放牧时易发生感染,但也可以由饮水感染。幼虫对弱光有趋向性,畏强光,因此,在早晨、傍晚和阴天会爬到草上,羊放牧时易感染。在超载牧地、未驱虫或驱虫程序不科学的放牧羊群中多发。

被捻转血矛线虫感染的羊会出现"自愈现象",这是初次感染时产生的抗体和再感染时的抗原物质相结合时引起的一种局部过敏反应,导致原有的和再感染的虫体被排出,这种反应没有特异性。

(四)临床症状

临床症状主要表现为贫血、衰弱、消化紊乱等。急性型多见于肥壮羔羊,病羊常因短时间内一次大量感染虫体突然死亡;亚急性型多发生于羔羊、妊娠和哺乳母羊,症状表现为病羊放牧时易掉队,食欲减退或废绝,异嗜,皮肤黏膜、口腔黏膜、鼻黏膜和眼结膜苍白,衰弱,逐渐消瘦,绵羊尾巴缩小,被毛粗乱无光,下颌、下腹部或四肢发生水肿,甚至卧地不起,先便秘,粪便粗糙,硬度增加,有时被覆黏液或带有血丝,之后发生腹泻,脱水,甚至死亡;慢性型病羊的症状不明显,主要表现为精神不振、食欲下降、异嗜、渐进性消瘦、贫血、被毛粗乱,体温一般正常,便秘和腹泻交替发生,并伴发铁缺乏症。

(五)剖检变化

剖检病羊,可见其皮肤、皮下及肌肉苍白,血液稀薄,呈淡红色,不易凝固。心包积水,腹腔内有腹水,胃肠道内容物很少。真胃内有大量淡红色或红白相间的毛发状线虫,长度为15～30mm,附着在胃黏膜上或游离于胃内容物中,有的绞结成黏液状团块。皱胃黏膜水肿,严重的有大面积出血点。

(六)诊断

结合临床症状和流行病学资料可作出初步诊断。

生前诊断用粪便直接涂片法、饱和盐水漂浮法检查粪便中的虫卵。如发现大量灰白色、椭圆形、卵壳壁薄而光滑、内含16～32个胚细胞的虫卵,即可作出初步诊断。但捻转血矛线虫虫卵不易和其他线虫虫卵相区别,必要时可以进行幼虫培养,检查第三期幼虫。利用核糖体DNA第二转录间隔区(ITS2)可以进行捻转血矛线虫卵的分子鉴定,应用实时定量PCR技术可以定量检测粪便中捻转血矛线虫的虫卵量。

死后诊断可剖检羊的皱胃或小肠,若发现大量捻转血矛线虫即可确诊。

(七)防治

1.预防

①坚持定期驱虫。选择低毒、高效、广谱的药物给羊群进行预防性驱虫。建议在虫体成熟前进行驱虫,驱虫前要做小群试验,再进行全群驱虫。科学选择和轮换使用抗寄生虫药物,尽量推迟或消除寄生虫抗药性的产生。

目前农牧民多采用每年春、秋季各进行一次驱虫的模式,即在早春捻转血矛线虫开始发育之初对羊群进行首次驱虫,并于晚秋进行再次驱虫。对于本病严重的地区或患本病严重的羊群,应在5—6月增加一次驱虫。如牧地过度放牧,超载严重,捻转血矛线虫发生持续感染,建议1个月驱虫一次,或投服抗寄生虫缓释药丸进行控制。也可依据羊群粪便的虫卵检测结果确定驱虫时机。对外地引进的羊必须驱虫后再进行合群。羔羊应在2月龄接受首次驱虫,母羊应在接近分娩时接受产前驱虫,寄生虫污染严重地区在母羊产后3～4周再驱虫一次。在驱虫后进行驱虫效果评价,对于对伊维菌素产生耐药性的虫株,可以使用其他药物进行驱虫,以便达到理想的驱虫效果。

②加强饲养管理,提高营养水平。特别在冬季、春季应合理地补充精饲料和矿物质,增强羊只自身的抵抗力。特别要注重对羔羊的照料和管理,羔羊在断乳(一般3～4月龄)后,应及时将生产母羊分群并对羔羊进行首次驱虫,这可有效避免捻转血矛线虫病对幼龄羊的危害。应注意饲料、饮水的清洁卫生,尽量不在低洼、潮湿地点放牧,尽量避开幼虫活动的时间,不要在清晨、傍晚或雨后放牧,避免羊吃露水草,减少感染机会。

③有条件的地方可以有计划地进行轮牧,以减少羊感染的机会。

④加强环境卫生管理。以圈养方式为主时,一定要合理建设圈舍,保持圈舍干燥、通风、整洁、干净,每天打扫圈舍,及时清除粪便,防止粪便污染饲料或饮水。粪便应进行生物热发酵处理,以杀灭虫卵和幼虫。饲养密度应适宜。要定期消毒,空舍常用3%～5%的氢氧化钠溶液进行喷洒消毒。

⑤杨光友等(2017)报道利用X射线或紫外线等将幼虫致弱后对接种羊进行免疫预防,在国外已获成功。

2.治疗

当每克粪便中的线虫虫卵数（EPG）达到 1000 个以上时，要及时对羊群进行治疗性驱虫。

盐酸左旋咪唑：使用剂量为 6～10mg/kg 体重，口服，或 5～6mg/kg 体重，皮下注射。奶山羊休药期不得少于 3d。

丙硫苯咪唑（阿苯达唑）：使用剂量为 10～15mg/kg 体重，口服。母羊妊娠前期禁用。

双羟萘酸噻吩嘧啶：使用剂量为 25～40mg/kg 体重，口服。

甲苯咪唑：使用剂量为 10～15mg/kg 体重，口服，也可皮下注射或肌内注射。

芬苯达唑：使用剂量为 10～20mg/kg 体重，口服。

伊维菌素：使用剂量为 0.2mg/kg 体重，口服或皮下注射，间隔 7d 后再重复用药一次。泌乳母羊慎用。

多拉菌素：使用剂量为 0.3mg/kg 体重，肌内注射。

莫西菌素：使用剂量为 0.2mg/kg 体重，口服或皮下注射。羊在屠宰前 7d 内禁用，不能用于供应人奶的泌乳羊。

埃普利诺菌素：使用剂量为 0.2mg/kg 体重，皮下注射。药效期可长达 42d。

左旋咪唑按 10mg/kg 体重的剂量、丙硫苯咪唑（阿苯达唑）按 6mg/kg 体重的剂量，混合口服，连用 3d，间隔 1 周重复 1 次。

腹泻严重的羊只采用口服补液盐，贫血严重的可肌内注射牲血素，使用剂量为 0.1mL/kg 体重。

驱虫时应注意临床驱虫药的不合理使用、滥用，或在一个地方长期使用一种或一类驱虫药物，会使血矛线虫产生抗药性，甚至导致一个地方因抗药性而再难选择到一种效果好的驱虫药物。

二、羊奥斯特线虫病

羊奥斯特线虫病是由毛圆科奥斯特属的各种线虫寄生于羊的皱胃和小肠内引起的一种消化道线虫病，也是羊最常见的线虫病之一。该属线虫还可寄生于牛、羚羊等，人也可能感染。

（一）病原

本属虫体俗称棕色胃虫。虫体中等大小，呈淡红色，长 10～12mm，口囊小。雄虫交合伞由两个大的侧叶和一个小的背叶组成。腹肋基本上是并行的，中间分开，末端又互相靠近。背肋远端分两支，每支又分出一个或两个副支，有副伞膜。交合刺较粗短，末端分两至三叉。雌虫阴门在虫体后部，有些种有阴门盖，其形状不一。重要的种为环纹奥斯特线虫和三叉奥斯特线虫。虫卵（图 4-27）呈椭圆形，大小为 (89～95)μm×(46～59)μm。

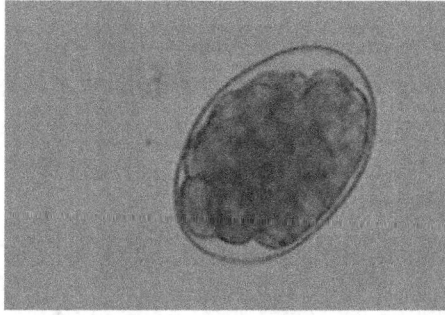

图 4-27　奥斯特线虫虫卵

（二）病原生活史

奥斯特线虫的发育史和捻转血矛线虫相似，不需要中间宿主。第三期幼虫（L3）在胃腺内进行发育和退化。感染后第 8 天，大部分幼虫已附着于宿主的胃黏膜上。有些幼虫停留 6d 后开始发育。虫体感染后第 15 天成熟，第 17 天可在粪便中发现虫卵。大部分虫体在 60d 内从宿主体内消失。奥斯特线虫较捻转血矛线虫耐寒，在较冷地区，羊奥斯特线虫病发生较多。

（三）流行特点

病原分布广泛，种类多，寄生于羊的种类已报道了 28 种。此病感染率高，感染强度大，特别是放牧羊多为复杂的混合感染。

（四）临床症状

严重感染时，羊有消瘦、贫血、顽固性腹泻、水肿、衰弱、间歇性便秘等症状，增重减慢，产肉、产毛、产奶等生产性能下降，幼羊发育受阻，畜产品质量下降，有时还继发病毒或细菌性疾病，严重时可能死亡。

（五）剖检变化

可见尸体消瘦、贫血，内脏明显苍白，胸、腹腔内常积有大量淡黄色液体，胃和肠道各段有数量不等的线虫寄生。皱胃黏膜水肿，有出血点。

（六）诊断

用饱和盐水漂浮法进行虫卵检查。但奥斯特线虫虫卵不易和其他线虫虫卵相区别，必要时可以进行幼虫培养，检查第三期幼虫（L3）。环纹奥斯特线虫 L3 头端部分似方形，尾端无尾丝，尾鞘部分逐渐变细且光滑。

（七）防治

1.预防

①计划性驱虫。可根据当地的流行病学资料进行驱虫，一般在秋、冬季各进行 1 次药物驱虫。

②科学饲养。加强饲养管理，保持羊舍清洁、干燥；注意饮水卫生，禁止羊饮用低洼地区的积水或死水；科学放牧，应避免在低洼、潮湿地方放牧，不要在清晨、傍晚或雨后放牧，尽量避开幼虫活动的时间，以减少感染机会；合理补饲精料，增强羊的抗病能力。

③有条件时,合理轮牧。

④粪便无害化处理。加强粪便管理,定期清理圈舍,对粪便进行发酵处理,杀灭虫卵和幼虫。特别注意不要让冲洗圈舍后的污水混入饮水,要对圈舍适时进行药物消毒。

2.治疗

伊维菌素:使用剂量为 0.2mg/kg 体重,皮下注射或口服。

奥芬达唑:使用剂量为 5~7.5mg/kg 体重,口服。

丙硫苯咪唑(阿苯达唑):使用剂量为 10~15mg/kg 体重,口服。母羊妊娠期禁用。

三、羊古柏线虫病

羊古柏线虫病是由毛圆科古柏属的线虫寄生于羊的小肠、胰脏和皱胃而引起的一种消化道线虫病。

(一)病原

虫体呈红色或淡黄色,前端呈圆形,较粗,角皮膨大,并有许多横纹。雄虫交合伞的侧叶大,背叶小。腹腹肋(前腹肋)比侧腹肋细小,两者平行向前,相距较远。后侧肋比另两个侧肋细。背肋分两支,常向外方弓曲。交合刺短粗。常见种有等侧古柏线虫、叶氏古柏线虫。

(二)病原生活史

古柏线虫有较强的宿主特异性,有些种主要寄生于羊,有些种主要寄生于牛。古柏线虫为直接发育型,不需要中间宿主。寄生于羊体内的雌虫和雄虫成熟后,雌虫产卵,虫卵随宿主粪便排出体外。在外界适宜条件下,桑葚期虫卵约经 20h 孵出可自由生活的杆状线虫,杆状线虫在 12h 后进行第一次蜕皮,约 48h 后进行第二次蜕皮,然后发育为第三期幼虫(感染性幼虫)。当羊摄入含有感染性幼虫的饲草或饮水后,幼虫进入寄生部位,约 24h 后进行第三次蜕皮发育成第四期幼虫。第四期幼虫发育迅速,其头部钻入宿主小肠绒毛黏膜中,但虫体后半部仍留于肠腔中。感染后第 5 天,幼虫返回肠腔,至第 9 天经第四次蜕皮而成为第五期幼虫,后者迅速发育为成虫。约在感染后第 15 天,宿主粪便中可检出虫卵。

(三)流行特点

古柏线虫病呈世界性分布,除了感染古柏线虫病的羊可作为传染源外,被感染的牛、骆驼、鹿及野生反刍动物也是古柏线虫病的主要传染源。

本病主要经口感染,羊因吞食被古柏线虫感染性幼虫污染的青草、饮水等而感染。以温热雨季多发。虫卵对炎热、干燥非常敏感。感染性幼虫对外界的抵抗力较强。

(四)临床症状

一般情况下,被感染的羊不表现出临床症状,但当羊严重感染时,有腹泻、厌食、进行性消瘦等症状,最后可能死亡。

（五）剖检变化

剖检时可见小肠前半部黏膜上有大量小出血点,后半部有轻度卡他性渗出物,重复感染时肠黏膜上有小结节。

（六）诊断、预防和治疗

可参照羊血矛线虫病。

四、羊细颈线虫病

羊细颈线虫病是由毛圆科细颈属的各种线虫寄生于羊小肠和皱胃内引起的一种消化道线虫病。

（一）病原

本属虫体为小肠内中等大小的虫体,外观和捻转血矛线虫相似,但虫体前部呈细线状,后部较粗。口缘有 6 个乳突围绕。头端角皮形成头泡,其后部有横纹。无颈乳突。雄虫交合伞有两个大的侧叶,上有圆形或椭圆形的表皮隆起,背叶小,很不明显。腹肋密接并行,中侧肋与后侧肋相互靠紧,背肋为完全独立的两支。交合刺细长,互相连接,远端被包在一共同的薄膜内。无引器。雌虫阴门位于虫体后 1/3 或 1/4 处,尾端钝圆,带有一小刺。虫卵(图 4-28)大,易与其他线虫虫卵相区别,产出时内含 8 个细胞。已报道有 5 种细颈线虫可寄生于羊。

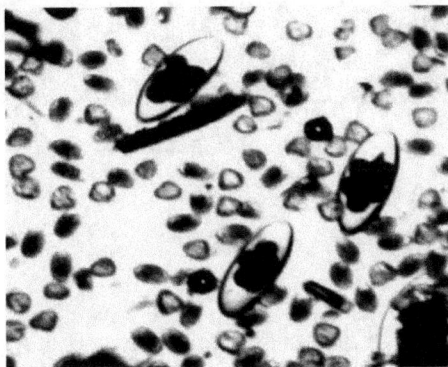

图 4-28　细颈线虫虫卵

（二）病原生活史

感染性幼虫在小肠黏膜内发育,发育到成虫需 20d 左右。

（三）临床症状

细颈线虫对羊有较强的致病力。羊感染严重时出现腹泻、食欲废绝、衰弱、体重减轻等症状,但粪便中的虫卵很少。羊对再感染有抵抗力,特别是羔羊,在感染后 2 个月内出现抵抗力,表现为虫卵数量下降,体内虫体被排出。

（四）剖检变化

剖检变化与奥斯特线虫病相似。

（五）诊断、预防和治疗

可参照羊血矛线虫病。

五、羊马歇尔线虫病

羊马歇尔线虫病是由毛圆科马歇尔属的各种线虫寄生于羊皱胃内引起的一种消化道线虫病。

（一）病原

本属线虫寄生于皱胃，虫体较奥斯特线虫大，淡黄色，体表有横纹和纵纹，头端角质唇稍膨大。食道细长，后端稍变粗。颈乳突位于食道中部之前的两侧。神经环位于颈乳突前方。排泄孔位于神经环和颈乳突之间的腹面。雄虫交合伞宽，背叶不明显，具有附加背叶；其外背肋和背肋细长，发自同一基部，背肋远端分成2枝，端部再分为2个小枝；交合刺粗短，远端亦分3枝。虫卵（图4-29）较大。寄生于羊体内的虫种已报道有10种。

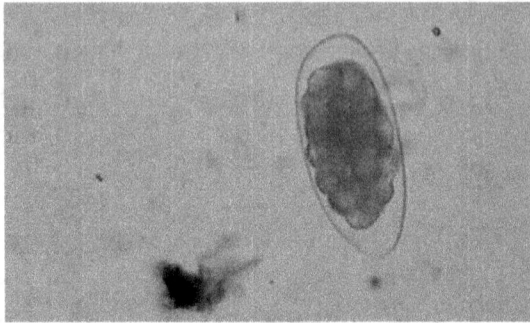

图4-29　马歇尔线虫虫卵

（二）临床症状与剖检变化

临床症状、剖检变化均与奥斯特线虫病相似。

（三）诊断

根据流行情况、临床症状、粪便虫卵检查和剖检变化结果作综合判断。必要时可以进行幼虫培养，检查第三期幼虫。

（四）防治

参考羊奥斯特线虫病的防治措施。

六、羊毛圆线虫病

羊毛圆线虫病是由毛圆科毛圆属的多种线虫寄生于羊的小肠、皱胃和胰脏引起的一种消化道线虫病。大多数寄生于羊的小肠前部，较少寄生在皱胃和胰脏。

（一）病原

毛圆属虫体细小，一般不超过7mm。呈淡红色或褐色。缺口囊和颈乳突。雄虫交合伞的侧叶大，背叶极不明显。腹肋特别小，常与侧腹肋呈直角，侧腹肋与侧肋并行，后侧肋靠近外背肋,背肋小,末端分小枝。交合刺粗短,常有扭曲和隆起的嵴,褐色。有引器。雌虫尾端钝,阴门位于虫体的后半部,无阴门盖。子宫一向前,一向后。卵呈椭圆形,壳薄。

蛇形毛圆线虫是最常见的种类。虫体细小,呈淡红色或褐色。体表有细小的横纹而无纵纹。缺口囊和颈乳突。雄虫长 4～6mm,两根交合刺近于等长,远端具有明显的三角突。腹腹肋特别细小,前侧肋最粗大,背肋小,末端分小枝。雌虫长 5～6mm,尾端钝。阴门位于虫体的后半部内,无阴门盖,子宫一向前,一向后。虫卵呈椭圆形,壳薄,大小为 $(79～101)\mu m \times (39～47)\mu m$。寄生于羊小肠的前部,偶见于皱胃。

艾氏毛圆线虫雄虫长 3.5～4.5mm,两根交合刺不等长,形状不同。背肋稍长而细,末端分小枝。雌虫长 4.6～5.5mm。虫卵大小为 $(70～90)\mu m \times (35～42)\mu m$。寄生于羊的皱胃,偶见于小肠。

突尾毛圆线虫雄虫长 4.3～5.5mm,两根交合刺呈深褐色,粗壮,几乎等长,远端具有明显的三角突。侧腹肋较其他肋粗大,背肋很短,末端分枝。雌虫长 4.5～6.5mm。虫卵大小为 $(76～92)\mu m \times (37～46)\mu m$。寄生于羊的小肠中。

(二)病原生活史

毛圆线虫的发育不需要中间宿主,成虫寄生在宿主的胃和十二指肠内。虫卵随羊粪便排至外界,在适宜的温度(27℃)、氧气浓度、湿度等条件下,经 5～6d 发育为第三期感染性幼虫。幼虫移行到牧草上,羊吃草时因吞食幼虫而感染。感染后 6～10d,幼虫在羊小肠黏膜内进行第 3 次蜕皮,第四期幼虫回到肠腔,最后一次蜕皮后,在感染后 21～25d 发育为成虫。

(三)流行特点

毛圆线虫病呈世界性分布。绵羊和山羊,特别是断乳后至 1 岁的羔羊对毛圆线虫最易感。母羊往往是羔羊的感染源。毛圆线虫虫卵对炎热、干燥的环境很敏感。第三期感染性幼虫对外界环境的抵抗力较强,在潮湿的土壤中可存活 3～4 个月,且耐低温,可在牧地上过冬。炎热、干旱的夏季对幼虫的发育和存活均不利。成年毛圆线虫每年排卵出现两次高峰:一次是春季排卵大高峰,另一次是秋季排卵小高峰。第三期感染性幼虫在牧地上全年也出现两次高峰:一次是夏末秋初,另一次是冬末春初。

(四)临床症状

羊在短时间内严重感染第三期幼虫时可引起急性症状,表现为腹泻,急剧消瘦,食欲消失,体重迅速减轻,脱水,最后多引起死亡。轻度感染时的临床症状有食欲不振,生长受阻,消瘦,贫血,皮肤干燥,排软便和腹泻与便秘交替发生。少数病羊体温升高,呼吸、脉搏增数,心音减弱,最后衰弱至死。

(五)剖检变化

急性病例的肠道病变表现为黏膜肿胀,特别是十二指肠轻度充血,附有黏液,将刮取物置于显微镜下可见到幼虫。慢性病例可见尸体消瘦,贫血,肝脏脂肪变性,胃肠道黏膜肥厚、发炎和溃疡。

(六)诊断

根据临床症状、流行情况、死后剖检及粪便检查结果作综合判断。必要时可进行粪便幼虫培养,检查第三期幼虫。蛇形毛圆线虫 L3 的特征为尾鞘较短,尾端似铅笔尖状,没有尾丝。通过粪便虫卵计数能了解本病的感染强度,可作为防控的依据。

有学者建立了基于其核糖体第二内转录间隔区(ITS2)序列的 PCR 诊断方法,此法可用于毛圆线虫病的快速诊断与鉴别。

(七)防治

预防参照羊血矛线虫病。治疗可用苯硫咪唑、甲苯咪唑、丙硫苯咪唑(阿苯达唑)或伊维菌素等药物驱虫。

七、羊食道口线虫病

羊食道口线虫病是由食道口科食道口属的多种线虫寄生于羊的结肠、盲肠内引起的一种消化道线虫病。由于有些食道口线虫的幼虫可在肠壁形成大小不等的结节,故又称为结节虫病。其临床症状为持续性腹泻,粪便呈暗绿色,含有黏液或血液,出现不同程度的消瘦和下颌水肿。此病在我国各地的羊中普遍存在,给养羊业造成很大的经济损失。

(一)病原

本属线虫虫体较大,呈乳白色。前端尖细,口囊呈小而浅的圆筒形,其外周有明显的口领,口孔周围有 1～2 圈叶冠。有颈沟,颈沟前部的表皮膨大形成头囊。颈乳突位于食道附近两侧,其位置因种而异。有或无侧翼膜。雄虫的交合伞发达,有一对等长的交合刺。雌虫阴门位于肛门前方附近,排卵器发达,呈肾形。虫卵较大。寄生于羊的常见种类如下:

哥伦比亚食道口线虫:有发达的侧翼膜,致使身体前部弯曲。头囊不甚膨大。颈乳突位于颈沟的稍后方,其尖端突出于侧翼膜之外。雄虫长 12.0～13.5mm,交合伞发达;雌虫长 16.7～18.6mm,尾部长。阴道短,有肾形排卵器。虫卵呈椭圆形,灰白色或无色,壳较厚,大小为(73～89)μm×(34～45)μm,内含 8～16 个深色胚细胞。

微管食道口线虫:无侧翼膜,前部直。口囊较宽而浅。颈乳突位于食道的后面。雄虫长 12～14mm,雌虫长 16～20mm。

粗纹食道口线虫:口囊较深,头囊显著膨大。无侧翼膜。颈乳突位于食道的后方。雄虫长 13～15mm,雌虫长 17.3～20.3mm。

甘肃食道口线虫:有发达的侧翼膜,前部弯曲。头囊膨大。颈乳突位于食道末端或前或后的侧翼膜内,尖端稍突出于膜外。雄虫长 14.5～16.5mm,雌虫长 18～22mm。

(二)病原生活史

食道口线虫的发育不需要中间宿主,成虫寄生于羊的结肠、盲肠。雌虫在羊的肠道内产卵,虫卵随羊粪便排出体外,在外界适宜的温度条件(25～27℃)下,经 10～17h 孵出第一期幼虫,经 7～8d 蜕化 2 次变为第三期幼虫,即感染性幼虫。羊摄食了被感染性幼虫污染的饲草或饮水而感染。感染后 12h,可在皱胃、十二指肠和大结肠的内腔中见到很多幼虫,且幼虫已脱壳。感染后 36h,大部分幼虫已钻入小结肠和大结肠固有膜的深处,到第 3 天或第 4 天,大部分幼虫已形成卵圆形包囊,大小为 0.3mm×0.2mm,呈白色颗粒状、结节状,幼虫在结节内进行第 3 次蜕化。第 6～8 天,大部分幼虫从结节内返回肠腔,并在肠腔内继续发育。之后依次发育为第四期幼虫、第五期幼虫和成虫,到第 41 天雌虫产卵。有些幼虫可移行到腹腔,并生活数日,但不能继续发育。

(三)流行特点

食道口线虫病呈世界性分布,在我国各地均有流行。该病主要侵害羔羊,多发于春、秋季节,在气温低于 9℃ 时,虫卵不发育。当牧场上的相对湿度为 48%~50%,平均温度为 11~12℃ 时,食道口线虫可生存 60d 以上。第一、二期幼虫对干燥敏感,极易死亡。第三期幼虫有鞘,在适宜条件下可存活几个月,冰冻可致死。35℃ 以上时,所有幼虫均迅速死亡。

(四)临床症状

轻度感染不显症状。重度感染时,特别是羔羊,可引起典型的顽固性下痢,在感染后第 6 天开始腹泻,粪便呈暗绿色,含有许多黏液,有时带血,病羊拱腰,后肢僵直有腹痛感。严重时可因机体脱水、消瘦、衰竭而死亡。慢性病例的症状为便秘与腹泻交替发生,出现渐进性消瘦,下颌间可能发生水肿,最后虚脱而死亡。

(五)剖检变化

剖检变化主要表现为结肠的结节性病变和炎症。除微管食道口线虫外,其他食道口线虫的幼虫在肠壁上形成结节,结节在浆膜面破溃时可引起腹膜炎,结节在黏膜面破溃时可引起溃疡性和化脓性结肠炎,某些结节可因发生钙化而变硬。成虫吸附在黏膜上虽不吸血,但分泌的有毒物质会加剧结节性肠炎,使肠黏液增多、肠壁充血和增厚。毒素还可以引起造血组织出现某种程度的萎缩,因而导致红细胞减少、血红蛋白下降和贫血。

(六)诊断

生前诊断可根据临床症状,通过粪便直接涂片法、饱和食盐水漂浮法和虫卵计数法了解感染的情况,但食道口线虫虫卵和其他一些圆线虫虫卵,特别是捻转血矛线虫虫卵很相似,不易鉴别,所以生前诊断比较困难。但可以将虫卵进行幼虫培养,根据第三期幼虫的特征作出判断。剖检时,可根据在羊肠壁上发现的大量结节以及肠腔内的虫体确诊。

(七)防治

1. 预防

①定期驱虫。每年春、秋两季各进行 1 次,采用广谱、高效、低毒的驱虫药,如丙硫苯咪唑、阿维菌素等,可取得良好效果。

②加强饲养管理。合理补充精料;圈养;保持饲草和饮水清洁;增强抗病力;尽量不在潮湿、低洼地点放牧,也不在清晨、傍晚或雨后放牧,以避开幼虫活动的时间,减少感染机会。

③加强粪便管理。将粪便集中堆放进行生物热处理,消灭虫卵和幼虫。

2. 治疗

治疗原则为积极驱虫,抗菌消炎,对症治疗。

丙硫苯咪唑(阿苯达唑):使用剂量为 5~15mg/kg 体重,口服。母羊妊娠前期禁用。

芬苯达唑:使用剂量为 5mg/kg 体重,口服。

丙氧苯咪唑:使用剂量为 10mg/kg 体重,口服。

伊维菌素:使用剂量为 0.2mg/kg 体重,口服;或 0.1mg/kg 体重,皮下注射,隔 7d 后再给药一次。

八、羊仰口线虫病

羊仰口线虫病又称钩虫病,是由钩口科仰口属的羊仰口线虫寄生于羊的小肠(主要是十二指肠)引起的一种常见消化道线虫病。病羊的临床症状主要表现为贫血、生长缓慢、严重消瘦、顽固性腹泻等。

(一)病原

羊仰口线虫虫体中等大小,呈乳白色,吸血后呈淡红色的长柱形。虫体前端向背面弯曲,即口向上仰,故被称为仰口线虫。口囊大,略呈漏斗状。口囊底部的背侧有一个大背齿,背沟由此穿出。底部腹侧有一对小的亚腹侧齿。雄虫长 12.5~17.0mm。交合伞发达。外背肋不对称,右外背肋比左侧的长,并且由背干的高处伸出。交合刺等长,较短,褐色。无引器。雌虫长 15.5~21.0mm,尾端钝圆。阴门在虫体前 1/3 处的腹面,尾端尖细。虫卵具有一定特征性,呈钝椭圆形,两端钝圆,两侧平直,灰白色或无色,壳薄,大小为 (79~97)μm×(47~50)μm,内含 8~16 个较大的细胞。

(二)病原生活史

仰口线虫的发育不需要中间宿主,成虫寄生于羊小肠。虫卵随羊粪便排出体外,在适宜温度和湿度条件下,经 4~8d 孵化出幼虫。幼虫从卵内逸出,经 2 次蜕化,变为第三期幼虫(感染性幼虫)。感染性幼虫可经两种途径进入羊体:一是感染性幼虫经皮肤钻入,进入血液循环,随血流到达肺脏,再由肺毛细血管进入肺泡,在此进行第 3 次蜕化,发育为第四期幼虫,然后幼虫上行到支气管、气管、咽,返回小肠,进行第 4 次蜕化,发育为第五期幼虫,再发育为成虫,此过程需要 50~60d。经皮肤感染时有 85% 的幼虫可以得到发育。二是感染性幼虫随饲草、饮水等进入羊的消化道,在小肠内直接发育为成虫,此过程约需 25d,但经消化道感染时只有 10%~14% 的幼虫得到发育。

(三)流行特点

仰口线虫病呈世界性分布,在我国各地普遍流行。各年龄阶段的羊均可感染。多发生于阴暗、高温、潮湿的环境和多雨季节,在未驱虫或驱虫程序不科学的放牧羊群中多发。一般是秋季感染,春季发病。虫卵和幼虫在外界环境中的发育与温度、湿度有密切关系,最适宜的条件是潮湿的环境和 14~31℃ 的温度。温度低于 8℃ 时,幼虫不能发育;35~38℃ 时,仅能发育成第一期幼虫。感染性幼虫在夏季牧场上可以存活 2~3 个月,在春季和秋季存活时间较长。在严寒的冬季,幼虫不易存活。在有些地区,羊的全年荷虫量基本接近。

(四)临床症状

仰口线虫幼虫侵入皮肤时,会引起发痒和皮炎,但一般不易察觉。幼虫移行到肺时会引起肺出血,但通常无临床症状。

成虫借助其发达的角质口囊吸着于宿主的小肠黏膜,以吸食血液为主,虫体离开后,留下伤口,血液继续流失。病羊精神沉郁,出现进行性贫血、严重消瘦等症状,有时表现为下颌及颈下水肿、顽固性腹泻、粪便显黑色。患病羔羊发育不良,生长缓慢,有时有神经症状,如后驱软弱无力、出现进行性麻痹等,死亡率很高。病羊死亡时红细胞数下降至1700万~2500万,血红蛋白降至30%~40%。轻症者在放牧后症状逐渐减轻,甚至消失。

(五)剖检变化

病羊尸体消瘦、贫血、水肿,皮下有浆液性浸润,浆膜腔积液。血液稀薄,呈水样,凝固不全。肺脏有瘀血性出血和小点出血。心肌松软,冠状沟水肿。肝呈淡紫色、松软、质脆。肾呈棕黄色。心包腔、胸腔、腹腔有异常浆液。十二指肠和空肠内可见大量乳白色或淡红色虫体,虫体游离于肠内容物中或附着在肠黏膜上。肠黏膜发炎,有出血点和小齿痕,肠内容物呈褐色或血红色。

(六)诊断

可根据临床症状和流行病学资料等,结合粪便检查结果确诊。用粪便直接涂片法或饱和盐水漂浮法检查粪便中的虫卵,若发现两端钝圆、细胞大而数少、内含暗黑色颗粒的虫卵,即可确诊。或进行剖检,若在十二指肠和空肠中发现大量虫体和相应的病理变化,即可确诊。

(七)防治

1.预防

在生产实践中,除选好种羊和羔羊外,还应采取科学的饲养管理,建立消毒制度,加强预防性驱虫等综合措施,以达到预防羊仰口线虫病的目的。

①做好预防性驱虫。根据当地羊仰口线虫流行病学资料做好驱虫计划。可用左旋咪唑、丙硫苯咪唑(阿苯达唑)或伊维菌素等药物在春季和秋季各进行1次驱虫。养殖户也可委托当地动物疫病监测机构定期检测羊粪中的仰口线虫卵,然后进行驱虫,以最大限度地降低寄生虫病对羊体的危害。

②加强饲养管理。一是保持圈舍干燥、清洁。二是注意饲料和饮水卫生,用自来水或井水,应设立固定的清洁饮水点,禁止羊饮用洼地积水或死水。三是有计划地实施轮牧,不在低洼、潮湿的地方放牧,不在清晨、傍晚或雨后放牧,尽量避开幼虫活动的时间放牧。四是补充精饲料,在饮水中添加多种维生素和电解多维,增强羊群的抗病能力。

③建立切实可行的消毒制度。定期用10%~20%石灰乳、10%漂白粉溶液等对羊舍、运动场、饲槽、饮水用具以及车辆进行消毒。需要注意的是,不要长期使用一种或同一种类消毒药物,要交叉轮换使用消毒药,防止寄生虫产生耐药性,降低消毒效果。另外,要加强粪便管理,每天及时将粪便集中进行生物热处理,以消灭虫卵和幼虫。

2.治疗

丙硫苯咪唑(阿苯达唑):使用剂量为5~15mg/kg体重,口服。母羊妊娠前期禁用。

丙氧咪唑:使用剂量为10mg/kg体重,口服。

芬苯达唑:使用剂量为5mg/kg体重,口服。

左旋咪唑:使用剂量为7.5mg/kg体重,口服。

伊维菌素、阿维菌素或多拉菌素:使用剂量为0.2mg/kg体重,皮下注射。

对贫血、脱水或心衰症状严重的病羊,可用铁制剂、补液盐、强心剂等药物进行对症治疗,连续治疗 5d。

九、羊夏伯特线虫病

羊夏伯特线虫病是由圆线科夏伯特属的线虫寄生于羊的大肠(主要是盲肠、结肠)内引起的一种消化道线虫病。该病的临床特征为病羊消瘦、贫血,粪便中带有黏液和血液,有时下痢,生长发育迟缓,下颌水肿。该病冬、春季发病率升高,在我国各地均有发生,有些地区的羊的感染率高达 90% 以上。

(一)病原

夏伯特线虫亦称阔口线虫,主要有绵羊夏伯特线虫和叶氏夏伯特线虫两种。

绵羊夏伯特线虫是一种较大的线虫,呈淡黄绿色,粗硬如火柴杆。虫体前端稍向腹面弯曲,有一近似半球形的大口囊,其前缘有两圈由三角形叶片组成的叶冠。腹面有浅的颈沟,颈沟前有稍膨大的头泡。雄虫长 16.5～21.5mm,有发达的交合伞,交合刺呈褐色、较细,引器呈淡褐色。雌虫长 22.5～26.0mm,尾端尖小,阴门靠近肛门,距尾端 0.3～0.4mm,排卵器呈肾形。虫卵呈椭圆形,无色,壳较厚,大小为 (100～120)μm×(40～50)μm。

叶氏夏伯特线虫无颈沟和头泡,外叶冠的小叶呈圆锥形,尖端骤变尖细,内叶冠狭长,呈细长指状,尖端突出于外叶冠基部下方。雄虫长 14.2～17.5mm,雌虫长 17.0～25.0mm。

(二)病原生活史

成虫寄生于羊大肠(主要是盲肠、结肠),虫卵随羊粪便排到外界,在 20℃ 温度下,经 38～40h 孵出幼虫,再经 5～6d,孵化 2 次,变为第三期幼虫(感染性幼虫)。羊经口感染,感染后 72h,幼虫在羊的盲肠和结肠中脱鞘。感染后 90h,幼虫附着在肠壁上或已钻入肌层。感染后 6～25d,第四期幼虫在肠腔内蜕化为第五期幼虫。感染后 48～54d,虫体发育成熟,吸附在肠黏膜上生活并产卵。成虫寿命为 9 个月左右。

(三)流行特点

本病遍及我国各地,以西北、陕西等地较为严重,有些地区的羊的感染率高达 90% 以上。虫卵和感染性幼虫耐低温(在 −12～−3℃ 的低温下能长期生存),但不耐干燥和阳光直射。当外界条件适宜时,可活 1 年以上。本病一般发生于冬、春季节,一岁以内的羔羊最易感染,发病较重,成年羊的抵抗力较强,发病较轻。

(四)临床症状

严重感染时,病羊表现为可视黏膜苍白,严重腹泻,粪便呈淡绿色至黑褐色、稀软或呈糊状,肛门周围和尾根部沾有稀粪,食欲减退,饮欲增加,被毛粗乱,下颌水肿,更有甚者会四肢无力,卧地不起。少数病例体温升高,呼吸、脉搏频数及心音减弱,增重减慢,产肉、产毛、产奶等生产性能下降,幼羊的症状表现为生长发育迟缓,被毛粗乱,食欲减退,消瘦。急性者多为突然发病,无明显症状,当即死亡。

(五)剖检变化

病羊尸体贫血、消瘦,内脏明显苍白,胸、腹腔内常积有多量淡黄色液体。在大肠中有大量虫体,距肛门 30cm 左右即可发现,甚至成团存在。肠黏膜水肿、溃疡,血管破裂出血。

(六)诊断

生前可用粪便直接涂片法或饱和盐水漂浮法检查粪便中的虫卵,收集虫卵并进行培养后根据其第三期幼虫的形态特征进行虫种鉴定。也可用 1% 福尔马林灌肠或剖检病羊,在粪便或肠内容物中查找成虫进行确诊。

(七)防治

1.预防

①科学引种混群。对刚引进的羊必须隔离饲养,观察 1~2 周,并对羊进行预防性驱虫,确认其健康无虫后,方可与原饲养的羊合群。

②科学放牧。严禁超载放牧,每隔 5d 分区轮牧一次。在夏、秋季避免羊吃露水草,以及避免在低洼、潮湿的牧地放牧,同时于春、秋季各进行一次全群驱虫。

③加强饲养管理。充分利用秸秆实行圈养,做好栏舍的消毒工作,经常清扫羊圈,保持圈舍清洁、干燥,将粪便堆积发酵,以减少感染传播的机会。

2.治疗

丙硫苯咪唑(阿苯达唑):使用剂量为 5~10mg/kg 体重,口服。母羊妊娠前期禁用。

丙氧咪唑:使用剂量为 1mg/kg 体重,口服。

芬苯达唑:使用剂量为 5mg/kg 体重,口服。

十、羊毛首线虫病

羊毛首线虫病是由毛首科毛首属的线虫寄生于羊大肠(主要是盲肠)所引起的一种常见消化道线虫病。由于虫体前部呈毛发状,故被称为毛首线虫。又因虫体前 2/3 部分纤细如丝状,后 1/3 部分较粗,整个虫体外形像鞭子,故又称鞭虫。该病的临床症状为间歇性下痢,粪中带黏液或血液,贫血,消瘦,食欲减退,发育障碍。本病在我国各地都有报道,主要危害羔羊,严重时可引起病羊死亡。

(一)病原

毛首线虫主要有绵羊毛首线虫和球鞘毛首线虫两种。

绵羊毛首线虫(图 4-30)虫体呈乳白色,外观形如鞭状。明显地分为前、后两部分。前为食道部,细长,占虫体全长的 2/3~4/5,内含有一串单细胞围绕的食道。后为体部,短粗,内有肠管和生殖器官。雄虫长 50~80mm,尾端向背面弯曲,泄殖孔位于虫体末端,无交合伞,有一根交合刺,包藏在有刺的呈管状的交合刺鞘内,刺及刺鞘均可伸缩于体内外;雌虫长 35~70mm,尾端直,后端钝圆,阴门位于虫体粗细部交界处,肛门位于虫体末端。虫卵(图 4-31)呈棕黄色,大小为 $(70\sim80)\mu m \times (30\sim40)\mu m$,卵壳厚,光滑,呈腰鼓状,两端各具一个透明塞状的突起,内含有未发育的卵胚。

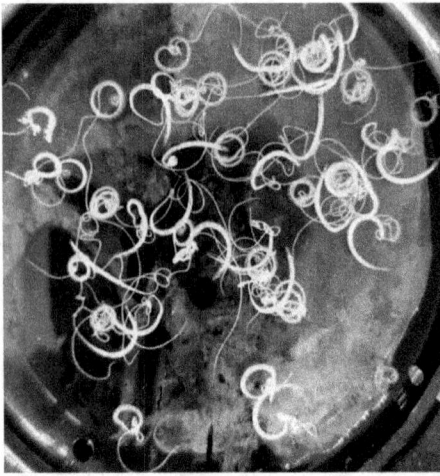

图 4-30 绵羊毛首线虫

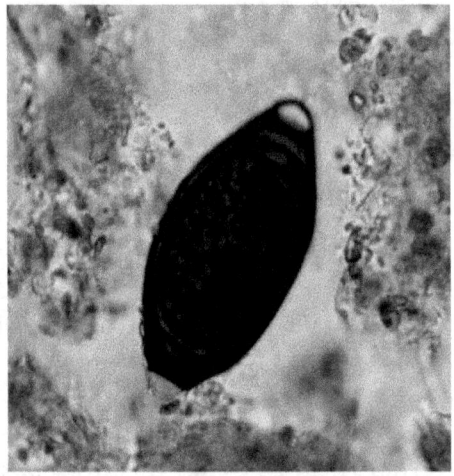

图 4-31 绵羊毛首线虫虫卵

球鞘毛首线虫的寄生部位、虫体大小基本同绵羊毛首线虫,其基本特征是雄虫的交合刺鞘较长,末端向外翻转,膨大,呈扁圆形。

(二)病原生活史

毛首线虫的发育不需要中间宿主,为直接发育型。成虫寄生于羊的盲肠(图 4-32、图 4-33)和结肠。雌虫在盲肠、结肠产出单细胞期虫卵,虫卵随羊粪便排出体外。卵在外界适宜的温度和湿度条件下,经两周或数月发育为感染性虫卵(内含第一期幼虫,既不蜕皮,也不孵化)。在羊吞食了感染性虫卵后,第一期幼虫在羊小肠后部孵出,钻入羊肠绒毛间发育,第 8 天移行至盲肠和结肠内,以前端固着于肠黏膜上,依次蜕化形成第二期幼虫、第三期幼虫、第四期幼虫,在盲肠内约经 12 周发育为成虫。从虫卵发育到成虫需要 30～80d,成虫寿命为 4～5 个月。

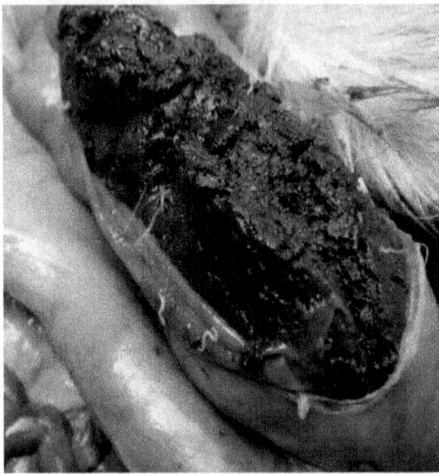

图 4-32 盲肠内容物上的毛首线虫

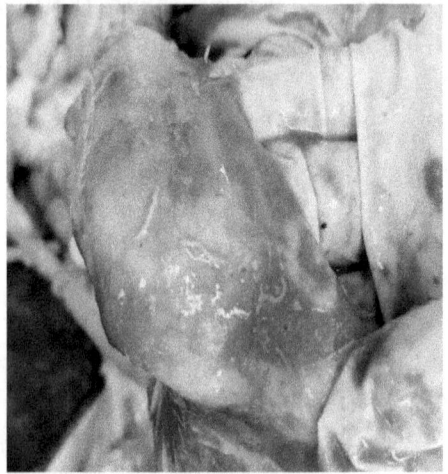

图 4-33 寄生在盲肠壁上的毛首线虫

(三)流行特点

毛首线虫病呈世界性流行,经口感染,主要寄生于羔羊。一般在夏季放牧时感染,秋、冬季出现临床症状。在卫生条件较差的圈舍内,一年四季均可感染。虫卵壳厚,对外界的抵抗力强,可在土壤中存活5年。

(四)临床症状

轻度感染时,病羊有时有间歇性腹泻、轻度贫血,生长发育受到影响。严重感染时,患羊精神沉郁,食欲不振,反刍减少,消瘦,贫血,腹泻,粪便中带有血液和黏液,肛门周围有大量稀粪附着,后期有的粪便中带有虫体和脱落的黏膜。用抗菌药治疗不能根治。部分病羊体温升高,达40℃,最后衰竭死亡。

(五)剖检变化

病变局限于盲肠和结肠。虫体的前端钻入黏膜,广泛地引起盲肠和结肠发生慢性卡他性肠炎。有时有出血性肠炎,通常是瘀斑性出血。严重感染时,盲肠和结肠黏膜有出血性坏死、水肿和溃疡,还有和结节虫病相似的结节。结节有两种:一种质地软,有脓,虫体前部埋入其中;另一种在黏膜下,呈圆形包囊物。

(六)诊断

在病羊生前,可采集羊的新鲜粪样,用饱和食盐水漂浮法检查粪便中的虫卵。虫卵形态有特征性(呈棕黄色、腰鼓状,两端有卵塞),容易识别,或剖检死亡羊只,若发现大量虫体和相应病变,即可确诊。

(七)防治

1.预防

①定期驱虫。在本病流行的羊场,每年定期驱虫。各地区所选择的驱虫时间和次数可根据具体情况而定。药物可选用左旋咪唑、丙硫苯咪唑(阿苯达唑)、伊维菌素口服或肌内注射。

②加强饲养管理,给羊以全价营养以增强机体抵抗力。尽可能避免在污染严重的超载牧地放牧,不在低洼、潮湿地带和早、晚及雨后放牧,以避免羊吃露水草;定期打扫、冲洗圈舍并消毒,注意水槽和饲槽卫生,注意饮水卫生,不给羊饮脏水和污水;鞭虫虫卵对化学药品的抵抗力弱,可选用20％石灰水或3％石碳酸(苯酚)溶液喷洒圈舍进行消毒。

③加强粪便管理。对羊群的粪便作堆积发酵处理,以杀死其中虫卵。

2.治疗

毛首线虫是一类较难驱除的线虫,大多数驱虫药物的驱虫效果均不理想。可试用以下药物,必要时可重复投药2～3次。

甲苯咪唑:使用剂量为10～20mg/kg体重,口服,每日1次,连喂3d。

芬苯达唑:使用剂量为5mg/kg体重,口服。

伊维菌素:使用剂量为0.2～0.3mg/kg体重,口服或皮下注射。

多拉菌素:使用剂量为0.3mg/kg体重,肌内注射。

十一、羊肺线虫病

羊肺线虫病是由网尾科和原圆科的线虫寄生在羊的气管、支气管、细支气管乃至肺泡所引起的以支气管炎和肺炎为主要症状的一种寄生虫病。其中,丝状网尾线虫虫体较大,为大型肺线虫,致病力强,常呈地方性流行,特别是在春乏季节可造成羊,尤其是羔羊,大批死亡。原圆科线虫较小,为小型肺线虫,危害相对较轻。肺线虫病在我国分布广泛,是羊常见的蠕虫病之一。

(一)病原

1.丝状网尾线虫

虫体细长呈丝状,乳白色,肠管似一条黑线穿行于体内。口囊小而浅,口缘有4个小唇片。雄虫长25～80mm,交合伞发达,伞腹肋粗实,中、后侧肋合二为一,只在末端稍分开,前侧肋末端不膨大,两个背肋末端都有3个小分支。两根交合刺等长、粗短、呈靴状、黄褐色,为多孔性结构,有引器。雌虫长43～112mm,阴门位于虫体中部附近。在新鲜粪便内的虫卵呈椭圆形,大小为$(120～130)\mu m×(80～90)\mu m$。卵内含有已发育的第一期幼虫,长0.5～0.54mm,头端有一纽扣样突起,尾端较钝。

2.小型肺线虫

小型肺线虫寄生于羊的细支气管和肺泡内。种类很多,其中以原圆属、缪勒属线虫分布最广,危害也较大。这类线虫都比较纤细,长为12～28mm,多呈棕色或褐色,肉眼刚好能看见。口由3个小唇片组成,食道呈长柱形,后部稍膨大;交合伞、背肋发达。其第一期幼虫较小,尾端均较纤细,常具背刺、刚毛。

(二)病原生活史

大型肺线虫(丝状网尾线虫)和小型肺线虫的发育过程有所不同。网尾科线虫的发育过程不需要中间宿主参与,在外界环境中发育为感染性幼虫,属土源性发育。小型肺线虫的发育需要中间宿主陆地螺或蛞蝓,在其体内发育为感染性幼虫,属生物源性发育。

各种肺线虫的雌虫产含幼虫的卵于羊的呼吸道后,虫卵上行至咽部。当羊咳嗽时,虫卵即随痰液一起进入口腔。大部分虫卵被咽下进入消化道,一部分随痰或鼻腔分泌物排至外界。虫卵在通过消化道的过程中,孵化出第一期幼虫,幼虫随粪便排到体外。丝状网尾线虫的第一期幼虫在外界适宜的条件下,经5～7d蜕化2次,发育为第三期幼虫(感染性幼虫)。小型肺线虫的第一期幼虫则需钻入中间宿主陆地螺或蛞蝓体内发育为感染性幼虫。存在于外界草场、饲料或饮水中和中间宿主体内的大、小型肺线虫的感染性幼虫被终末宿主羊吞食后,幼虫在羊小肠内脱鞘,进入肠系膜淋巴结,蜕化变为第四期幼虫。幼虫继而随淋巴液和血液经心脏到肺脏,最后移行至肺泡,到细支气管、支气管,感染后7～8d移至支气管内,并在该处完成最后一次蜕化。感染后18d发育为成虫,感染后26d雌虫开始产卵。成虫在羊体内的寄生期限随着羊的营养状况的不同而不同,由2个月到1年不等。营养良好的羊抵抗力强,幼虫的发育一般会因患病受阻。当宿主的抵抗力下降时,幼虫可以恢复发育。

(三)流行特点

本病在我国分布广泛,尤以西北等高寒地区为甚,常呈地方性流行,是羊常见的线虫病之一。

该病多发生于冬季和潮湿牧地。成年羊和没有进行驱虫的放牧羊群比幼年羊的感染率高，4月龄以上的羊几乎都会被此虫寄生，而且数量很多。此虫对羔羊的危害严重，可引起大批死亡。主要是经口感染，羊因吞食被感染性幼虫污染的饲草或饮水等而感染。

丝状网尾线虫幼虫对热和干燥敏感，但耐低温。丝状网尾线虫幼虫在4～5℃也可以发育，并可以保持活力达100d以上。被雪覆盖的粪便，即便在−20℃下，其中的感染性幼虫仍不死亡。干粪中幼虫的死亡率比湿粪中高得多。外界气温达21℃以上时，幼虫的活动受到严重影响。

原圆科线虫的幼虫对低温、干燥的抵抗力均较强。在干粪中可生存数周，在湿粪中的生存期更长；在3～6℃的低温下，比在高温下生活得好；能在粪便中越冬，冰冻3d后，幼虫仍有活力，12d后死亡。阳光直射可迅速使幼虫死亡。幼虫通常不离开粪便移行，因为螺类以羊粪为食。幼虫感染螺类后，遇冰冻则停止发育，如遇适宜温度可迅速发育到感染期。在螺体内的感染性幼虫，其寿命与螺的寿命同长，为12～18个月。

(四)临床症状

临床症状与羊肺线虫在呼吸道中的寄生部位、羊摄入感染性幼虫的数量及羊的免疫状态有关。感染轻时，羊的临床症状不明显。中度感染时，羊的典型症状是咳嗽，一般发生在感染后的16～32d，首先个别羊发生干咳，后成群羊咳嗽，咳嗽的次数逐渐增加。特别是在早晨、夜间休息或被驱赶时，咳嗽更为明显，在羊圈附近可以听到羊群的咳嗽声和拉风箱似的呼吸声。严重感染时，羊呼吸浅表，促迫并感痛苦。咳嗽频繁，常打喷嚏，有时咳出黏液团块，镜检时可见其中有虫卵和幼虫。患羊常流黏性鼻液，干涸后在鼻孔周围形成鼻痂，从而使呼吸更加困难。有时分泌物黏稠，形成几寸长的绳索状物，常悬在鼻孔下面。患羊逐渐消瘦、贫血，头胸部及四肢水肿，被毛粗乱，呼吸加快和困难，体温一般不升高。羔羊严重感染时，症状较为严重，可能死亡。羔羊轻度感染或成年羊感染时，则症状不明显，常呈慢性经过。

小型肺线虫单独感染时，羊的病情发展较缓慢，只是在病情恶化或接近死亡时，才明显表现为呼吸困难、干咳或暴发性咳嗽等症状。

(五)剖检变化

剖检病死的羔羊，可见病羊尸体消瘦、贫血。病变主要在肺部，可见不同程度的肺膨胀和肺气肿，肺表面有肉样的灰白色小结节，触摸有坚硬感，切开时常有虫体；支气管和气管内有黄白色或红色黏液，支气管黏膜肿胀充血，有小出血点，气管中还有黏液性或脓性的、混有血丝的分泌团块，镜检可见其中有虫卵和幼虫。在严重感染者的气管、支气管及细支气管内可见数量不等的线状、白色虫体。

(六)诊断

根据临床症状(咳嗽)和流行病学(发病季节在春季)可作初步判断，进一步确诊则需要在粪便中发现第一期幼虫或对病死羊进行剖检发现虫体。

分离幼虫的方法很多，常使用漏斗幼虫分离法(贝尔曼法)检查新鲜粪便内有无第一期幼虫。具体操作步骤：取新鲜粪便15～20g，放在带有粪筛(40～60目)或垫有两层纱布的漏斗内,粪便不必捣碎,漏斗下接一短橡皮管,管末端以止水夹夹紧。漏斗内加入 40℃温水至淹没粪球为止,静置 1～3h。此时大部分幼虫游于水中,并通过筛孔或纱布网眼沉于橡皮管底部。将橡皮管底部粪液放到试管内,经沉淀后弃去上层液,取其沉渣制片,在显微镜下检查第一期幼虫。丝状网尾线虫的第一期幼虫长 0.55～0.585mm,运动极为活跃,头端较粗,有一特殊的扣状突起,尾端钝圆,肠内有明显颗粒,色较深。可滴加 1 滴碘液,待幼虫死后进行详细观察。小型肺线虫的第一期幼虫较小,长 0.3～0.4mm,其头端无纽扣状突起。缪勒幼虫的第一期幼虫尾端呈波浪状弯曲,背侧有一角质小刺。原圆线虫的幼虫尾端亦呈波浪状弯曲,但无小刺,有分节。

剖检时在支气管和细支气管发现一定量的虫体和相应的病变时,也可确诊为本病。

(七)防治

1.预防

该病呈地方性流行,在本病流行区内,可根据当地情况每年对羊群进行 2 次以上的计划性驱虫,即在由放牧改为舍饲的前后进行一次驱虫,使羊只安全越冬,在 1—2 月初再进行一次驱虫,以避免春乏死亡;加强粪便管理,及时清扫粪便并堆积发酵,进行生物热处理,以消灭病原;羔羊与成年羊分群放牧,减少羔羊感染;有条件的地区可实行轮牧,避免在低湿沼泽地区放牧,以减少羊只的感染机会;保持羊场的清洁、干燥,注意饮水清洁,给羊饮用流动水或井水;冬季应给羊适当补饲,在补饲开始前进行一次驱虫,能大大减少病原的感染;针对小型肺线虫病,应注意消灭中间宿主陆地螺等。

2.治疗

丙硫苯咪唑(阿苯达唑):使用剂量为 5～15mg/kg 体重,口服,连用 3d,对各种肺线虫均有很好的驱虫效果。母羊妊娠前期禁用。

丙氧苯咪唑:使用剂量为 10mg/kg 体重,口服。

左旋咪唑:使用剂量为 8～10mg/kg 体重,口服。除能驱虫外,还有增强免疫的作用。

伊维菌素:使用剂量为 0.2mg/kg 体重,皮下注射。严重感染的羊间隔 7～9d 后重复用药 1 次。但应注意,供人食用的羊在屠宰前 21d 内不能使用本药,供人饮奶用的羊,产奶期不宜用药。

多拉菌素:使用剂量为 0.3mg/kg 体重,肌内注射。

芬苯达唑:使用剂量为 5mg/kg 体重,口服。

莫西菌素:使用剂量为 0.2mg/kg 体重,口服或皮下注射。

枸橼酸乙胺嗪(海群生):使用剂量为 100～200mg/kg 体重,一次口服,连用 3d。该药适用于感染早期童虫的羊的治疗。

埃普利诺菌素:使用剂量为 0.2mg/kg 体重,皮下注射。药效期可长达 42d,无休药期。

十二、羊吸吮线虫病

羊吸吮线虫病是由吸吮科吸吮属的罗氏吸吮线虫寄生于羊的泪管、结膜囊等眼部组织而引起的一种线虫病。可使羊的结膜和角膜发炎,因有黏液或分泌物渗出,多发生糜烂和溃疡,如不及时治疗,则会导致羊失明。

(一)病原

罗氏吸吮线虫虫体中等大小,呈乳白色,表皮上有明显的横纹。头端细小,有一小长方形的口囊,无唇,其边缘有内外两圈环口乳突。食道短,呈圆筒状。1 对颈乳突位于食道后部,呈不对称排列。神经环位于食道约 1/3 处。雄虫长 9.3~13.0mm,尾部略向腹面卷曲,泄殖孔开口处不向外突出。右交合刺细长,左交合刺粗短。有 17 对较小的尾乳突,14 对在泄殖孔前,3 对在泄殖孔后。雌虫长 14.5~17.7mm,尾端钝圆,尾尖侧面上有一个小突起。阴门开口于虫体前部的腹面,开口处的角皮上无横纹并略凹陷。胎生。

(二)病原生活史

间接发育,需要蝇类作为中间宿主,如凸额蝇、秋蝇等。雌、雄虫寄生于羊鼻泪管、结膜囊等处并交配。雌虫产出第一期幼虫,蝇在舔舐羊眼分泌物时咽下第一期幼虫而感染,幼虫在其体内约经 1 个月发育为第三期幼虫,即感染性幼虫。第三期幼虫移行至感染蝇的唇瓣,随蝇再次舔舐健康羊的羊眼分泌物时进入羊眼,约经 20d 发育为成虫。生活周期较长,可超过 1 年。

(三)流行特点

本病分布于世界各地,该病的流行与蝇类的活动季节密切相关。在温暖地区,蝇类常年活动,该病也可常年流行,但多流行于温暖而潮湿的季节。各种年龄的羊都易感染。

(四)临床症状

临床上表现为结膜潮红、充血肿胀,流泪,角膜混浊等症状,病羊极度不安,摇头,常用眼部摩擦其他物体,食欲不振。

(五)诊断

结合流行病学及临床症状,在羊眼内发现吸吮线虫即可确诊。也可用 3％硼酸溶液强力冲洗羊的第三眼睑内侧和结膜囊,以肾形盘接取冲洗液,若在盘中发现虫体即可确诊。

(六)防治

1.预防

在流行地区,每年春季和冬季对羊群进行预防性驱虫;每年蝇类开始活动以后,要随时检查羊只,发现虫体时,要及时治疗病羊,同时应做好全群羊的驱虫工作;平时搞好环境卫生,经常清除粪便和垃圾,减少蝇类滋生,同时做好灭蝇、灭蛆和灭蛹工作。

2.治疗

将羊保定好后,用左手将患病眼的眼皮尽量拉开,观察虫体并用镊子直接取出;每日用 2％~3％硼酸溶液、5％来苏尔、1:1500 碘溶液、0.2％枸橼酸乙胺嗪(海群生)等冲洗患病眼,将虫体冲出;冲洗完毕后,用不带针头的注射器将左旋咪唑注射液注入患眼内,或用左旋咪唑(按 8~10mg/kg 体重的剂量,口服或肌内注射,每日 1 次,连用 2d 等抗线虫药物进行驱虫。同时配合使用抗生素眼药水,控制细菌继发感染,促进康复。

此外,应加强饲养管理、增加营养、护眼防伤、避光灭蝇。

十三、羊筒线虫病

羊筒线虫病是由筒线科筒线属的美丽筒线虫和多瘤筒线虫寄生于羊食道的黏膜中或黏膜下层和瘤胃引起的一种线虫病。其中，美丽筒线虫病为人畜共患的寄生虫病，在公共卫生学上具有重要意义。

（一）病原

美丽筒线虫的新鲜成虫虫体呈乳白色，细线状，常回旋弯曲，状如锯刃。虫体前部有许多不同大小的圆形或卵圆形表皮隆起。颈翼发达。唇小，咽短。雄虫长约 62mm，有稍不对称的尾翼膜，尾部有许多排列不对称的尾乳突。左交合刺纤细，右交合刺粗短。有引器。雌虫长约 145mm，阴门开口于后部。虫卵大小为$(50\sim70)\mu m \times (25\sim37)\mu m$，内含成形的幼虫。主要寄生于羊食道的黏膜中或黏膜下层，有时见于瘤胃，偶尔可在人体寄生。

多瘤筒线虫的新鲜虫体为淡红色，颈翼膜呈垂花饰状。虫体左侧表皮隆起。雄虫长 $32\sim41$mm，左、右交合刺不等长；雌虫长 $70\sim95$mm。寄生于羊的瘤胃。

（二）病原生活史

间接发育型。雌虫产出含幼虫的虫卵，虫卵由食道黏膜破溃处进入消化道，经胃、肠随羊粪便排出体外。含有幼虫的卵在外界被中间宿主金龟子、蟑螂等鞘翅目和蜚蠊目昆虫吞食后，卵内幼虫在昆虫消化道内孵出并钻入昆虫血腔里，发育为囊状体（即感染性幼虫）。羊等终末宿主吞食了含有感染性幼虫的中间宿主而感染。囊状体到达羊胃内，幼虫破囊而出，侵入胃或十二指肠黏膜内，再潜行向上至食道、咽或口腔等黏膜内寄生，并最终发育为成虫。

（三）流行特点

美丽筒线虫病是一种人畜共患的线虫病，广泛分布于世界各地，在我国主要分布于黑龙江、辽宁、内蒙古、甘肃、山东、四川、湖北、湖南、广东等 19 个省（自治区、直辖市），其中山东报告的病例最多（杨光友，2017）。动物宿主主要是反刍动物，以牛、羊为主。

（四）临床症状

筒线虫的致病力不强或几乎无致病力，动物感染后一般不出现明显的临床症状。在寄生部位可出现小疱和白色的线状隆起，或出现浅表溃疡等。

（五）剖检变化

剖检可见有筒线虫寄生的口腔、食道黏膜有损伤、水疱、血疱及溃疡。可在寄生部位的黏膜面上看到呈锯刃形弯曲的虫体或盘曲的白色纽状物。

（六）诊断

根据口腔症状和病史可作出初步诊断，以针挑破有虫体移动处的黏膜，取出虫体作虫种鉴定是确诊本病的依据。

(七)防治

1.预防

应防止羊摄食中间宿主;加强对人的宣传教育,注意饮水卫生,不吃甲虫和蟑螂,不喝生水和不吃不洁的生菜等。

2.治疗

挑破寄生部位黏膜取出虫体,也可在成虫寄生部位涂以普鲁卡因(奴夫卡因)溶液,使虫体易从黏膜内被移出。临床上也可合用哌嗪类药物、左旋咪唑与甲苯咪唑进行驱虫。

十四、羊脑脊髓丝虫病

羊脑脊髓丝虫病(又称腰痿病)是由丝状科丝状属的指形丝状线虫和唇乳突丝状线虫(也称鹿丝状线虫)的幼虫因迷路侵入羊的脑或脊髓的硬膜下或实质中引起的一种寄生虫病。本病以脑脊髓炎和脑脊髓实质破坏为特征。羊患病后往往后躯歪斜,行走困难,甚至卧地不起,最后因褥疮、食欲下降、消瘦、贫血而死亡。在我国长江流域和华东沿海地区发生较多,在东北、华北等地区也有发生。

我国2008年修订的《一、二、三类动物疫病病种名录》(中华人民共和国农业部第1125号)将脑脊髓丝虫病列为三类动物疫病。

(一)病原

指形丝状线虫寄生于羊、黄牛、水牛和牦牛的腹腔,偶见于马的腹腔。口周围向前延伸,在背面和腹面分别有呈舌状的突出物,2个侧唇呈新月形,背唇和腹唇的末端分叉。口环后部有4个下中乳突。雄虫长4~5cm,尾部有1对侧附肢、7对性乳突、4对肛前乳突、3对肛后乳突。交合刺1对,左交合刺长,右交合刺短。雌虫长6~8cm,尾端有侧附肢1对,有呈纽扣状的突出物。

鹿丝状线虫寄生于羊、羚羊和鹿的腹腔。虫体头端钝圆,口周围向前延伸,在背面和腹面分别有呈舌状的突出物,2个侧唇呈新月形,背唇和腹唇的末端分叉。头部有2对下中乳突、4对下侧乳突和1对侧乳突。雄虫长4~6cm,尾部有1对侧附肢、9对性乳突、4对肛前乳突、4对肛后乳突和1对肛侧乳突。交合刺1对,呈淡黄色,左交合刺长,右交合刺短。雌虫长6~12cm,尾端有侧附肢1对,尾端顶部有多刺状的突出物。

两者的晚期幼虫(童虫)呈乳白色,长1.6~5.8cm,宽0.078~0.108mm,外有囊鞘,虫体能在鞘膜内活动。其形态已接近成虫,体态弯曲自然,多呈S形、C形或其他形状的弯曲,也有扭成一个结或两个结的。具有头隙,一般长大于宽。尾端尖细,自肛孔后有排列直至尾尖的呈圆形或椭圆形的尾核,排列不整齐。G细胞4个,呈纵形排列,间距大致相等。神经环位于虫体前端。排泄孔位于神经环后,孔旁排泄细胞明显。

在绝大部分虫体上均能见到神经环,食道的肌、腺部以及肠道,尾部的侧附肢以及扣状突起明显。

(二)病原生活史

寄生于牛腹腔内的指形丝状线虫产出微丝蚴(胎生),微丝蚴进入牛外周血液中,当中间宿主蚊刺吸病牛血液时,随血液进入蚊体内,经15d左右发育为第三期幼虫(感染性幼虫),感染性幼虫移行到蚊的胸肌和口器内。带有感染性幼虫的蚊在吸食羊血液时,将感染性幼虫注入羊体内,幼虫随血液或淋巴循环侵入羊的脑脊髓表面或实质内,发育为童虫。该童虫在其发育过程中引起羊的脑脊髓丝虫病,童虫长 1.5～4.5cm,形态结构类似成虫,但不发育至成虫。

(三)流行特点

本病主要流行于东北亚和东南亚国家。我国的长江流域和华东沿海地区也流行该病。该病的发生、流行与蚊的大量滋生有密切关系。因此,本病有明显的季节性,多发生于夏、秋两季,其发病时间常比当地蚊出现的时间晚 1 个月左右,因此,该病在 7—9 月多发,8 月发病率较高,个别地区冬、春季节也有病例出现。本病的发病率与海拔成反比关系,海拔 1800m 以上地区,发病率约为 2%,海拔 1200～1800m 的地区发病率约为 8%,海拔 1200m 以下的地区发病率约为 10%。在牛(主要是黄牛)多、蚊多的地区,且羊距牛圈较近或与牛混养时,羊的发病率较高。凡潮湿、低洼、沼泽、水网、稻田地区多发,洪水、台风、大潮后多发。

羊的年龄、性别对虫体的易感性无明显差异。一般成年羊比幼年羊更易感染,其发病率随气温的升高及雨季的来临逐渐升高。乳山羊(引进萨能羊)较易感,绵羊不易感。

(四)临床症状

1.急性型

病羊最初表现为行动缓慢,掉队,精神不振,神态异常,颈部被毛蓬松、粗乱,行走时一侧后肢或两侧后肢提举不充分,运步时蹄尖稍微拖地,后肢软弱,腰部无力,尾歪,后肢行走步样强拘,放牧时采食懒散,久立后后肢偶尔作鸡伸懒腿样动作。触诊腰荐部或针刺后肢反应迟钝,甚至颈部两侧、腰部凹陷处、整个后躯感觉消失。病羊出现跛行,运步时两后肢外张或蹄尖拖地前进或后肢出现拖脚步样,如醉酒状向前扑地,或者歪倒向一侧。当颈部痉挛严重时,病羊向一侧转圈。后期病羊卧倒,不能自行站立,呈犬卧式卧地不起,食欲、饮欲明显下降,针刺后肢无痛感。眼球上旋,颈部肌肉强直,或痉挛,或歪斜。呈现兴奋、骚乱、叫鸣等神经症状。倒地抽搐,致使眼球受到摩擦而充血,眼眶周围的皮肤被磨破,呈现显著的结膜炎,甚至发生外伤性角膜炎。

2.慢性型

此型多见,病初患羊腰部无力、步态踉跄,多发生于一侧后肢,也有的两后肢同时发生。此时病羊体温、呼吸和脉搏均无变化,但多有臀部歪斜及斜尾等症状。容易跌倒,但可自行起立,故病羊仍可随群放牧。病情严重时两后肢完全麻痹,呈犬坐姿势,或横卧地上不能起立,但食欲及精神正常。时间长久,发生褥疮,食欲下降,逐渐消瘦,直至死亡。

(五)剖检变化

本病的病理变化是随着丝虫幼虫逐渐进入脑、脊髓发育为童虫的过程中引起的出血性、液化坏死性脑脊髓炎,并有不同程度的浆液性、纤维素性脑脊髓膜炎而展开的。病变主要是在脑、脊髓的硬膜和蛛网膜有浆液性、纤维素性炎症和胶冻样浸润,以及大小不等的呈红褐色、暗红色的出血灶,在其附近可发现童虫。脑、脊髓实质病变明显,特别是在白质区有大小不等的斑点状、条纹状的褐色坏死性病灶,以及大小不同的空洞和液化灶,并可在其中发现虫体。

(六)诊断

根据流行病学、临床症状、剖检变化、采集的童虫虫体及其形态鉴定结果以及病理组织学观察结果进行综合判定。该病虽有一定的运动障碍症状(后肢强拘,提举伸扬不充分,蹄尖拖地,行动缓慢,甚至运步困难,步态跟跄,斜行),但多经一个时期后自行恢复,如发病后不及时检查,则不易发现虫体。国内用牛腹腔丝虫提纯抗原进行皮内反应试验,可用于早期诊断。方法是每只羊注射 0.1mL,注射后 30min 观察皮肤丘疹直径,1.5cm 以上为阳性,1.5cm 以下为阴性。此外,可取脑脊髓液镜检,若发现微丝蚴虫体则可作出初步诊断。

(七)防治

1. 预防

①控制传染源。羊舍应建在干燥、通风、远离牛舍 1～1.5km 处,在蚊出现的季节尽量避免羊与牛接触。进行牛群微丝蚴普查,对带微丝蚴的牛应用药物治疗(海群生注射液,10mg/kg 体重,皮下注射,每日 3 次,连用 2d),消灭病原。

②切断传播途径。搞好羊舍及周围环境卫生,铲除蚊的滋生地。在有蚊的季节要经常使用灭蚊药物或灭蚊灯驱蚊、灭蚊,防止羊被蚊虫叮咬。

③药物预防。在本病流行季节,每月用海群生对羊群进行药物预防,使用剂量为5～10mg/kg 体重,口服,连续用药 4 次。

2. 治疗

应及早进行治疗,否则难以治愈。可选用以下药物进行治疗。

海群生(枸橼酸乙胺嗪):使用剂量为 10mg/kg 体重,1 日分 2～3 次口服,连用 2～5d;或按使用剂量 20mg/kg 体重,1 日 1 次口服,连用 6～8d。对轻症病羊有良好效果。必要时配合使用乙酰水杨酸片和抗过敏药物,以减轻虫体死亡带来的不良反应。

盐酸左旋咪唑:使用剂量为 8～10mg/kg 体重,口服,连用 2～3d。有一定疗效。

丙硫苯咪唑(阿苯达唑):使用剂量为 20～30mg/kg 体重,口服,每日 1 次,连用 3～5d。对轻症病羊有良好治疗效果。母羊妊娠期禁用。

伊维菌素:使用剂量为 0.2mg/kg 体重,皮下注射,每日 1 次,连用 5d。

同时,维生素 C 0.5g、10％葡萄糖 500mL,混合静脉注射,每天 1 次,连用 3d。

本章彩图

第五章　羊原虫病防治

第一节　羊原虫病概述

原虫为原生动物亚界的单细胞真核动物,体型很小,在显微镜下才能看见,其结构主要包括表膜、胞质及胞核三部分。原虫的繁殖方式有无性生殖和有性生殖,无性生殖包括裂殖生殖、出芽生殖、孢子生殖等,有性生殖包括结合生殖和配子生殖。原虫侵入宿主机体后,虫数在宿主体内可不断增加,造成宿主细胞、组织的破坏、虫体代谢的毒素作用、引起变态反应等。

第二节　羊常见原虫病

一、羊梨形虫病

羊梨形虫病是由泰勒科和巴贝斯科的各种梨形虫引起的一种血液原虫病,由硬蜱吸血传播,对羊危害较大,一旦发生,就会给养羊业造成较大的经济损失。

(一)羊巴贝斯虫病

羊巴贝斯虫病,又称蜱热、红尿热,旧称焦虫病,是由巴贝斯科巴贝斯属的莫氏巴贝斯虫、绵羊巴贝斯虫、新疆巴贝斯虫未定种等寄生于羊的红细胞内所引起的一种血液原虫病。该病的临床症状为发热、贫血、出现血红蛋白尿和黄疸,需硬蜱传播。

1.病原

①莫氏巴贝斯虫。莫氏巴贝斯虫为大型巴贝斯虫,中等致病力,虫体呈梨籽形、椭圆形、不定形等多种形态。在红细胞内单独或成对存在,梨籽形虫体的长度通常大于红细胞半径,其长度为 $2.5\sim4\mu m$,宽为 $2\mu m$。每个虫体有两团染色质团块。典型虫体形态为双梨籽形,尖端以锐角相连,位于红细胞中央,占各种形态的比例达 60% 以上。一般一个红细胞内有 $1\sim2$ 个虫体。

②绵羊巴贝斯虫。绵羊巴贝斯虫虫体为小型虫体,致病力比莫氏巴贝斯虫强。大多数为圆形,一般在红细胞内单独或成对存在,位于红细胞边缘,成对的梨籽形虫体以钝角相连,长度为 $1\sim2.5\mu m$。

③新疆巴贝斯虫未定种。新疆巴贝斯虫未定种是一种大型巴贝斯虫,在我国新疆喀什地区被发现。对健康绵羊几乎没有致病力。在红细胞阶段的形态特征表现为典型的成

对存在,且细长。平均大小为 $2.42(\pm0.35)\mu m \times 1.06(\pm0.22)\mu m$。

2. 病原生活史

巴贝斯虫的生活史尚不完全清楚。国际上普遍认为莫氏巴贝斯虫的传播媒介是刻点血蜱,在我国,其传播媒介为青海血蜱和长角血蜱。绵羊巴贝斯虫病的主要传播媒介为扇头蜱。病原在蜱体内经过有性的配子生殖,产生子孢子,当蜱吸血时,病原被注入羊体内,寄生于羊的红细胞内,并不断进行无性繁殖。当硬蜱吸食羊血液时,病原又进入蜱体内发育。如此周而复始,流行发病。新疆巴贝斯虫未定种由小亚璃眼蜱传播。

3. 流行特点

该病在我国四川、青海、甘肃、云南、湖北、河南、陕西、黑龙江、辽宁、重庆、海南、浙江、内蒙古、青海等省(自治区、直辖市)均有报道。国内的多种血蜱、扇头蜱是羊巴贝斯虫病的主要传播者。Guan 等(2009)和 Wang 等(2013)报道莫氏巴贝斯虫和新疆巴贝斯虫未定种在我国所调查的 22 个省(自治区、直辖市)的平均阳性率分别为 43.5% 和 31.66%。

本病的流行具有一定的季节性,与蜱的出没密切相关。在四川省甘孜藏族自治州,本病每年发生于 4—6 月和 9—10 月。流行区以 1～2 岁羊发病最多,耐过的病羊成为带虫者,之后不再发病。外地引进羊比本地羊更易发病,且死亡率很高。

4. 临床症状

患羊精神沉郁,食欲减退或废绝,反刍减少或停止,体温升高至 41～42℃,呈稽留热,持续数日或直至死亡。可视黏膜苍白,偶尔可见黄染现象,常排出黑褐色带黏液的粪便。尿液由清转黄,甚至呈棕红色或酱油色。呼吸浅表,脉搏细数,血液稀薄,迅速消瘦。若治疗不及时,急性病例发病 2～5d 后多因全身衰竭而死亡,慢性病例延长至 1 个月左右死亡。有的病例出现兴奋,无目的地狂跑,突然倒地死亡等症状。

5. 剖检变化

剖检病死羊,可见尸体消瘦,血液稀薄如水,血凝不全,可视黏膜与皮下组织苍白、黄染;心肌柔软,黄红色,心内外膜有出血点;肝脏、脾脏肿大,表面有出血点;胆囊肿大 2～4 倍,充满胆汁;瓣胃常塞满干硬的胃内容物;肾脏肿大,呈淡红黄色,有点状出血;膀胱膨大,内有多量红色尿液;肠黏膜有少量出血点。

6. 诊断

根据临床症状、流行特点和剖检变化可以初步判断,但确诊需要进行实验室诊断。从高热期典型病羊的颈静脉采血,涂片,经姬姆萨或瑞氏染色,镜检,在红细胞内发现梨形、圆形等形态的虫体即可确诊。若虫体较少,则可采用虫体浓集法,先进行集虫,再制片检查。操作过程:在离心管内加入 2% 的柠檬酸钠生理盐水 3～4mL,再加入病羊血 6～7mL,混匀后,以 2500r/min 的转速离心 5min,用吸管将上层液移入另一离心管中,并补加一些生理盐水,再以 2500r/min 的转速离心 10min,取其沉淀物制成抹片固定后,按上述方法染色、镜检。血液检查可发现红细胞数减少,减少至 $2\times10^{12}\sim4\times10^{12}$ 个/L,血红蛋白减少,血清黄疸指数升高,间接胆红素含量升高等。

可用基于 18S rRNA 的聚合酶链反应(PCR)方法对巴贝斯虫虫种进行分子鉴定。

7. 预防

(1)做好灭蜱工作

灭蜱是预防本病的关键。在温暖季节可选用多种杀虫剂或人工进行灭蜱,如选用伊维菌素注射液,以 0.2mg/kg 体重的剂量,全群皮下注射或用双甲脒等对全群进行药浴。对圈舍进行彻底清扫、消毒,做好环境灭蜱工作。

(2)药物预防

在本病流行区,于每年发病季节到来之前,对羊群用咪唑苯脲或贝尼尔(血虫净)进行预防注射。贝尼尔以 3mg/kg 体重的剂量配成 7% 的溶液,作深部肌内注射,每 20d 注射 1 次,对预防羊巴贝斯虫病有效。

(3)加强饲养管理

注意做好购入、调出羊的检疫工作。在有蜱季节最好不要到外地有蜱地区引进羊,对于新引进的羊只,做好隔离观察。若为带虫者,则要投服贝尼尔等药物进行驱虫。有条件的地方在发病季节到来之前,选择无蜱的草场放牧,羔羊和种羊尽量舍饲。

8. 治疗

①贝尼尔(血虫净、三氮脒):使用剂量为 7mg/kg 体重,配成 7% 水溶液,分点作深部肌内注射。每日 1 次,连用 3d 为一疗程。

②咪唑苯脲:使用剂量为 1.5～2mg/kg 体重,配成 5%～10% 水溶液,皮下或肌内注射,连用 2d。休药期 28d。

③磷酸伯氨喹啉:使用剂量为 0.75～1.5mg/kg 体重,每日口服 1 次,连用 3d。

④黄色素:使用剂量为 3～4mg/kg 体重,配成 0.5%～1% 水溶液,静脉注射。注射药物时不可漏出血管外,注射后数天内要避免强烈阳光照射,以免灼伤。必要时,24～48h 后重复注射一次。

⑤硫酸喹啉脲(阿卡普林):使用剂量为 0.6～1mg/kg 体重,配成 5% 水溶液,皮下或肌内注射。羊出现脉搏加快时,可将总量分 3 次注射,每 2h 一次。必要时,24h 后重复用药。

⑥台盼蓝(锥兰素):使用剂量为 2～4mg/kg 体重,配成 1% 水溶液,静脉注射。必要时第二天可重复用药一次。

⑦青蒿素:使用剂量为 1.0mg/kg 体重,肌内注射,一日 2 次,连用 2～4d。

⑧贯仲 20g、槟榔 25g、木通 20g、泽泻 20g、茯苓 15g、龙胆草 15g、鹤虱 20g、厚朴 15g、甘草 10g,用水煎服,每日一次,连服 2～3d。

在治疗过程中配合使用适当的抗生素,防止继发感染。同时对体型特别消瘦的,可以结合输液治疗,用 10% 葡萄糖 500mL、10% 维生素 C 5mL 混合静注。对病情较重的除用以上治疗方法外,还可每日灌服消食健胃散 2 次,每只羊用 0.9% NaCl 溶液 250mL 和 5% 葡萄糖溶液 250mL,加入樟脑磺酸钠 0.5g、维生素 C 0.2g、地塞米松磷酸钠 5mg 静脉缓慢滴注,每日 2 次,连用 2～3d,视体温情况适当用降温药如安乃近、安痛定(复方氨林巴比妥注射液)。

(二)羊泰勒虫病

羊泰勒虫病是由泰勒科泰勒属的吕氏泰勒虫、尤氏泰勒虫、绵羊泰勒虫等寄生于羊的红细胞、巨噬细胞和淋巴细胞内所引起的一种原虫病的总称。该病的临床特征是发热,体表淋巴结肿大、疼痛,贫血,出现黄疸和血红蛋白尿。可引起羔羊和外地引进羊大量死亡,使慢性发病的山羊和绵羊生长发育变缓,产肉量和产毛量显著下降,从而给养羊业造成重大经济损失,是我国西北地区危害较严重的羊寄生虫病之一。

1.病原

国内外报道的羊泰勒虫种类有吕氏泰勒虫、尤氏泰勒虫、绵羊泰勒虫、莱氏泰勒虫、隐藏泰勒虫、分离泰勒虫、*Theileira* sp. B15a、*Theileria* sp. OT1、*Theileria* sp. OT3 及 *Theileria* sp. MK。其中吕氏泰勒虫、尤氏泰勒虫和莱氏泰勒虫的致病力较强,被称为恶性泰勒虫;绵羊泰勒虫、隐藏泰勒虫、分离泰勒虫、*Theileria* sp. OT3、*Theileria* sp. MK 的致病性力弱或无致病力,被称为温和型泰勒虫。在我国已报道的羊泰勒虫有吕氏泰勒虫、尤氏泰勒虫、绵羊泰勒虫和 *Theileria* sp. OT3,且吕氏泰勒虫是优势虫种。吕氏泰勒虫和尤氏泰勒虫的形态非常相似,包括梨籽形、针状、杆状、圆形、椭圆形、三叶草形、十字架形等,其中梨籽形和针状是吕氏泰勒虫的优势形态,十字架形是尤氏泰勒虫的特征性形态。杆状虫体的大小为 $0.9 \sim 1.1 \mu m$,梨籽形虫体大小为 $1.0 \sim 2.0 \mu m$,圆环形的直径为 $0.8 \sim 1.2 \mu m$。在一个红细胞内可寄生 $1 \sim 4$ 个虫体,一般为 1 个。红细胞的染虫率一般低于 2%。

裂殖体寄生于淋巴结、肝脏、脾脏、肺脏、肾脏以及外周血液的淋巴细胞、巨噬细胞和某些组织细胞的胞浆中。裂殖体(石榴体)有大裂殖体和小裂殖体两种类型,大多为小裂殖体,而且大多数为游离的胞外裂殖体(石榴体)。石榴体直径约 $8 \mu m$,有的达 $10 \sim 20 \mu m$,其内包含 $1 \sim 80$ 个直径为 $1 \sim 2 \mu m$ 呈紫红色的染色质颗粒。裂殖子呈散在的圆点状。

目前用传统的形态学分类方法还无法将吕氏泰勒虫、尤氏泰勒虫这两个种类区分开,只有分子分类法才能区别。殷宏等(2002)把位于瑟氏泰勒虫和水牛泰勒虫同一个分支上的羊泰勒虫命名为吕氏泰勒虫,把处于另一单独分支的羊泰勒虫命名为尤氏泰勒虫。在甘肃夏河县的麻当、宁县分离出的羊泰勒虫是单一的吕氏泰勒虫,在宁夏隆德分离出的羊泰勒虫是单一的尤氏泰勒虫,而在甘肃临潭、张家川和青海湟源分离出的羊泰勒虫是吕氏泰勒虫和尤氏泰勒虫的混合种。

2.病原生活史

璃眼蜱、扇头蜱和血蜱为羊泰勒虫病的主要传播者。在我国,羊泰勒虫病主要通过青海血蜱和长角血蜱传播。病原在蜱体内经过有性的配子生殖,并产生子孢子,当蜱吸血时,病原被注入羊体内。泰勒虫在羊体内首先进入红细胞内寄生。当蜱吸食羊的血液时,泰勒虫又进入蜱体内发育。如此周而复始,继续引起发病,扩大流行。

3.流行特点

羊泰勒虫病主要发生在热带、亚热带地区,具有明显的地区性和季节性。在我国,3—7 月多发,4—5 月是流行高峰,9—10 月是流行小高峰。该病的流行和传播与当地的气候、生态环境、媒介蜱的种类和分布、寄生虫病的防控措施及羊的品种、年龄、管理等因素密切相关。绵羊的发病率和死亡率一般要高于山羊,以 $1 \sim 6$ 月龄羔羊的发病率最高。从无蜱区引入有蜱区的羊易感。

羊泰勒虫病已在我国新疆、内蒙古、辽宁、吉林、甘肃、青海、宁夏、河北、河南、山西、陕西、山东、湖北、浙江、江苏、广东、贵州、重庆、四川等 19 个省(自治区、直辖市)有报道。总的感染率为 4.1%～100%,但不同地方有差异。在我国西北地区,吕氏泰勒虫和尤氏泰勒虫多呈混合感染,但在我国中部、东南部、西南部仅存在吕氏泰勒虫。

4．临床症状

本病潜伏期为 4～12d。病羊初期精神沉郁,食欲减退或废绝,体温升高到 40～42℃,最高者可达 42℃以上,呈稽留热,高热可持续 4～7d,急性病例会在发热期突然死亡。呼吸急促,每分钟可达 100 次以上,心跳加快,每分钟可达 150～200 次,心音亢进,多卧少动,反刍及胃肠蠕动减弱或停止,便秘或腹泻,粪便中带有黏液或血液,个别羊尿液混浊,或呈淡红色或棕红色,可视黏膜初期充血,随后苍白、轻度黄染,有小出血点。病羊前肢提举困难,后肢僵硬(故称硬腿病),消瘦,体表淋巴结肿大,特别是肩前淋巴结肿大尤为明显,往往一侧肿大,约核桃大,最大如鸡蛋,触之有痛感,俗称为"疙瘩病"。耳静脉采血,血液稀薄,有的羔羊四肢发软,卧地不起。病程 6～12d,有些呈急性经过的羔羊常于 1～2d 内死亡。

5．剖检变化

死于羊泰勒虫病的羊,体形消瘦,皮下脂肪呈胶冻样,有点状出血。全身淋巴结有不同程度的肿大,以肩前、肠系膜、肺脏、肝脏等处淋巴结更为显著,淋巴结切面多汁,充血,有的淋巴结呈灰白色,有时表面有颗粒状突起。血液色淡,稀薄、半透明,凝固不良。肝脏、脾脏、胆囊明显肿大,并有出血点。肾脏呈黄褐色,表面有淡黄色或灰白色结节和小出血点。肺脏有不同程度的淤血、水肿,呈灰红色。皱胃黏膜有溃疡斑。心外膜有大小不等的出血点,心包液增多。个别羊有明显的卡他性肠炎,大、小肠黏膜上有轻度充血及少量出血点。

6．诊断

根据流行病学、临床症状和病理剖检变化可作出初步诊断。

病原学诊断主要有血液、脾脏涂片染色镜检和淋巴结肿穿刺涂片镜检。镜检血液涂片查找红细胞内的典型虫体,病原大多数呈圆形和卵圆形,一般位于红细胞中央,一个红细胞内一般含有 1 个虫体。红细胞的染虫率一般低于 2%。将虫体胞核染成紫红色,核周围的胞质染为淡蓝色。采集时最好选择处在高热期的典型病羊,并且未用药治疗。

可用基于 18S rRNA 的聚合酶链反应(PCR)方法对虫种进行分子鉴定。

7．预防

参照羊巴贝斯虫病。

8．治疗

参照羊巴贝斯虫病。可选择蒿甲醚进行治疗,以 8mg/kg 体重的剂量作肌内注射,连用 3d。或将血虫净配合长效土霉素使用,治疗效果较好,是目前治疗羊泰勒虫病比较实用的方案。2%青蒿琥酯纳米乳,以 4mg/kg 体重的剂量作肌内注射,对治疗羊泰勒虫病有良好的效果。

二、羊球虫病

羊球虫病是由艾美耳科艾美耳属的多种球虫寄生于绵羊或山羊胃肠道内引起的一种

原虫病,是羊的常见疾病之一,能引起羊腹泻、消瘦、贫血、发育不良,严重者可导致死亡。该病以羔羊最易感染,死亡率也高,成年羊多为带虫者,是呈世界性分布的疾病。该病暴发时,患病羊常有较高的死亡率,并引起生长发育停滞,生产性能下降,给养羊业造成很大的经济损失,极大地危害养羊业的发展。

(一)病原

由于艾美耳球虫具有严格的宿主特异性,因此,山羊和绵羊具有各自的球虫种类,彼此不能交叉感染。被公认的山羊球虫仅有 9 种(表 5-1、图 5-1),即阿氏艾美耳球虫(E. arloingi)、艾氏艾美耳球虫(E. alijevi)、家山羊艾美耳球虫(E. hirci)、克氏艾美耳球虫(E. christenseni)、约氏艾美耳球虫(E. jolchijevi)、雅氏艾美耳球虫(E. ninakohlyakimovae)、山羊艾美耳球虫(E. caprina)、羊艾美耳球虫(E. caprovina)和阿普艾美耳球虫(E. apsheronica),其中致病性最强的是雅氏艾美耳球虫,其次是阿氏艾美耳球虫和山羊艾美耳球虫,可能还有家山羊艾美耳球虫。

表 5-1　　　　　　　　　寄生于山羊的 9 种艾美耳球虫的形态学特点

种类	卵囊形状	卵囊平均大小/μm^2	有无卵囊残体	有无卵膜孔	有无极帽	有无孢子囊残体	有无斯氏体
阿氏艾美耳球虫	椭圆形或稍卵圆形	28.20×19.80	无	有	有,呈圆拱形	有,呈小颗粒状	有
艾氏艾美耳球虫	球形、亚球形或椭圆形	18.96×17.55	无	不明显	无	无	无
家山羊艾美耳球虫	卵圆形或短椭圆形	22.70×18.10	无	明显	有,扁平或锥形	有	不明显
克氏艾美耳球虫	卵圆形或椭圆形	37.80×25.30	无	明显	有,锥形	有	有
约氏艾美耳球虫	壶状或罐状,上宽下窄	30.60×22.00	无	有	有	有	有
雅氏艾美耳球虫	卵圆形或短椭圆形	22.50×16.70	无	不明显	无	有,呈小颗粒状	较小
山羊艾美耳球虫	椭圆形或卵圆形	30.74×23.66	无	有,较宽且明显	无	有,呈小颗粒状	有
羊艾美耳球虫	宽椭圆形	25.75×22.01	无	有	无	有	有
阿普艾美耳球虫	卵圆形	30.17×23.03	无	有,较小	无	有,呈颗粒状	有

阿氏艾美耳球虫(图 5-2):主要寄生部位在山羊小肠,潜隐期 14～17d。卵囊呈椭圆形或稍卵圆形,大小为(17～42)μm×(13～27)μm,卵囊壁两层,光滑,外层无色,内层呈褐黄色,有卵膜孔,极帽呈圆拱形,无卵囊残体,有极粒,孢子囊卵圆形,有孢子囊残体和斯氏体。孢子化时间为 48～72h。

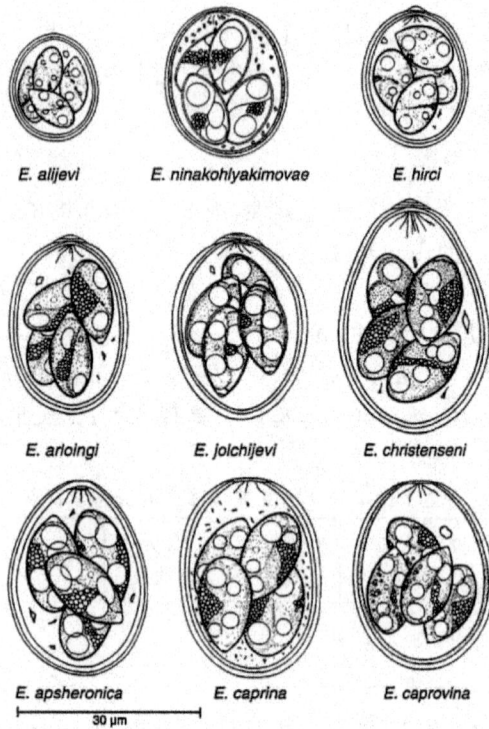

图 5-1　9 种山羊球虫孢子化卵囊形态结构模式图(Eckert 等,1995)

艾氏艾美耳球虫(图 5-3):潜隐期 7～12d。卵囊呈球形、亚球形或椭圆形,大小为(15～27)μm×(14～24)μm。无卵膜孔和极帽,有极粒,无卵囊残体,无斯氏体和孢子囊残体。孢子化时间为 24～120h。

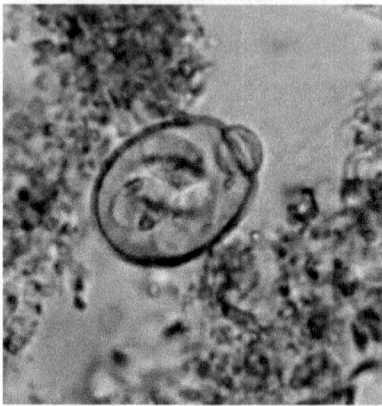

图 5-2　阿氏艾美耳球虫

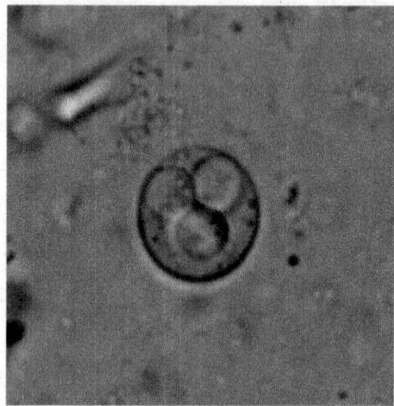

图 5-3　艾氏艾美耳球虫

家山羊艾美耳球虫(图 5-4):潜隐期 13～16d。卵囊呈卵圆形或短椭圆形,大小为(18～23)μm×(14～19)μm。有卵膜孔和极帽。有极粒,无卵囊残体。孢子囊呈卵圆形,斯氏体不明显,有孢子囊残体。孢子化时间为 24～72h。

克氏艾美耳球虫(图 5-5):主要寄生部位在羊小肠,潜隐期 14～23d。卵囊呈卵圆形或椭圆形,大小为(33~45)μm×(23~33)μm,壁光滑,有卵膜孔,极帽呈锥形突出,无卵囊残体,有极粒,孢子囊呈卵圆形,有孢子囊残体和斯氏体。孢子化时间为72~144h。

　　雅氏艾美耳球虫(图5-6):寄生部位在山羊小肠后段、盲肠和结肠。卵囊呈卵圆形或短椭圆形,大小为(20~28)μm×(15~22)μm,卵囊壁两层,光滑,外层无色或稍呈淡黄色,内层呈淡黄褐色,卵膜孔不明显,无极帽和卵囊残体,有极粒,孢子囊呈卵圆形,有孢子囊残体和斯氏体。孢子化时间为24~28h。

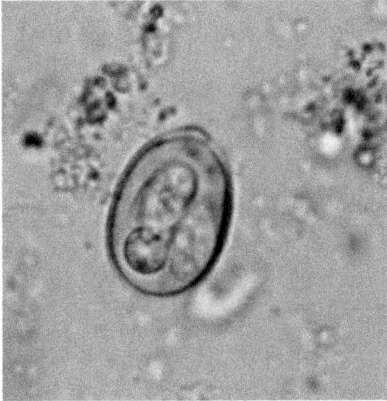

图 5-4　家山羊艾美耳球虫　　　　　　　图 5-5　克氏艾美耳球虫

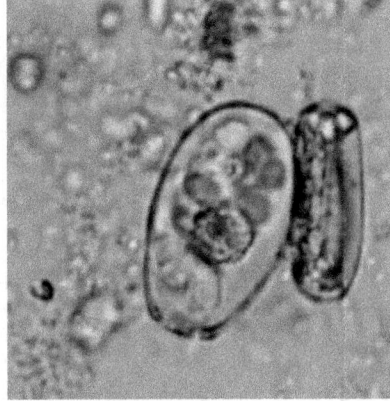

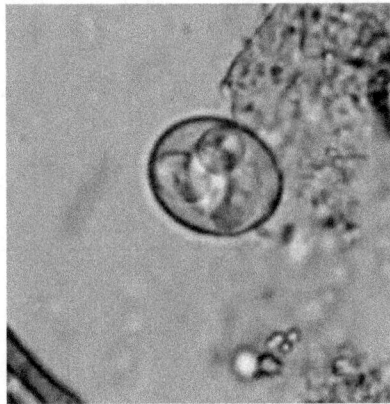

图 5-6　雅氏艾美耳球虫

　　被公认的绵羊球虫仅11种,即阿撒他艾美耳球虫(E. ahsata)、巴库艾美耳球虫(E. bakuensis)、小型艾美耳球虫(E. parva)、苍白艾美耳球虫(E. pallida)、槌形艾美耳球虫(E. crandallis)、温布里吉艾美耳球虫(E. weybridgensis)、类绵羊艾美耳球虫(E. ovinoidalis)、颗粒艾美耳球虫(E. granulose)、错乱艾美耳球虫(E. intricate)、浮氏艾美耳球虫(E. faurei)和马尔西卡艾美耳球虫(E. marsica)(表5-2、图5-7)。其中致病力最强的是类绵羊艾美耳球虫(潜隐期12~15d),其次是槌形艾美耳球虫(潜隐期15~20d),可能还有阿撒他艾美耳球虫。

　　阿撒他艾美耳球虫:主要寄生部位在绵羊小肠,潜隐期为18~21d。卵囊呈椭圆形或卵圆形,黄褐色,大小为(29.5~33.5)μm×(22~25)μm。卵囊壁两层,壁光滑,有卵膜孔和极帽,无卵囊残体,有极粒,孢子囊呈卵圆形,有孢子囊残体,斯氏体不明显。孢子化时间为72~120h。

小型艾美耳球虫:寄生部位在绵羊小肠、盲肠和结肠,潜隐期16~17d。卵囊呈球形或亚球形,壁光滑,无极帽、卵膜孔和卵囊残体,有极粒,孢子囊呈卵圆形,有孢子囊残体和斯氏体。

错乱艾美耳球虫:寄生部位在绵羊小肠后段,是一种较大型的球虫。卵囊呈椭圆形,大小为(42~60)μm×(31~41)μm,卵囊壁两层,内层和外层都有横纹,为橙黄褐色,卵膜孔明显,有极帽,无卵囊残体,有孢子囊残体,无斯氏体。孢子化时间为72~120h。

浮氏艾美耳球虫:寄生部位在绵羊小肠。卵囊呈卵圆形,黄褐色,大小为(25~34)μm×(20~27)μm,卵囊壁两层,平滑,有卵膜孔,无极帽和卵囊残体,有孢子囊残体,无斯氏体。孢子化时间为24~48h。

表5-2　　　　　　　寄生于绵羊的11种艾美耳球虫的形态学特点

种类	卵囊形状	卵囊平均大小/μm^2	有无卵囊残体	有无卵膜孔	有无极帽	有无孢子囊残体	有无斯氏体
阿撒他艾美耳球虫	椭圆形或卵圆形	32.43×21.02	无	有	有	呈细颗粒状	不明显
巴库艾美耳球虫	椭圆形	35.58×25.24	无	有	有	有	有
小型艾美耳球虫	球形或亚球形	16.50×14.00	无	无	无	呈颗粒状	有
苍白艾美耳球虫	长椭圆形	19.98×15.57	无	无	无	有	无
颗粒艾美耳球虫	梨形	34.50×23.80	无	有,位于卵囊的宽端	有	呈颗粒状	有
温布里吉艾美耳球虫	亚球形	25.65×19.58	无	有	有	有	无
类绵羊艾美耳球虫	短椭圆形	23.60×18.60	无	不明显	无	呈颗粒状	有
马尔西卡艾美耳球虫	椭圆形	35.00×24.50	无	有	有,呈土堆状	有	有
植形艾美耳球虫	亚球形	23.50×18.50	无	有	不明显	呈颗粒状	无
错乱艾美耳球虫	椭圆形	50.00×38.00	无	有	有	呈颗粒状	无
浮氏艾美耳球虫	卵圆形	32.50×25.60	无	有	无	呈条块状	无

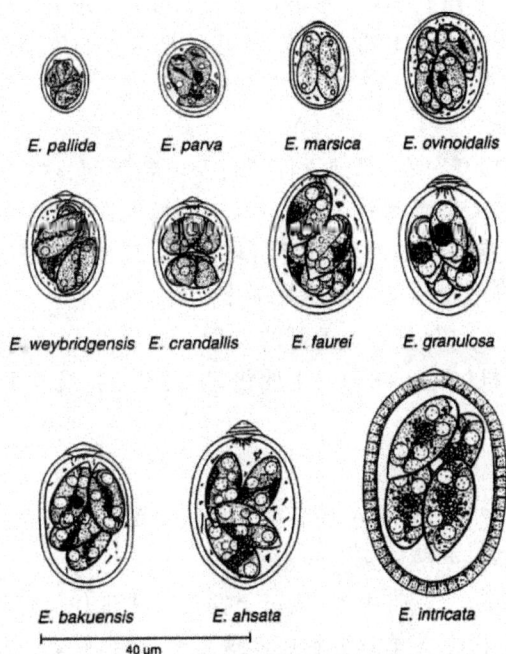

图 5-7　11 种绵羊球虫孢子化卵囊形态结构模式图(Eckert 等,1995)

(二)病原生活史

球虫的发育均属直接型发育,不需要中间宿主。整个生活史分为孢子生殖、裂殖生殖和配子生殖三个阶段。球虫卵囊形成后随羊粪便排出体外,刚排出的卵囊没有发生孢子化,不具有感染性。在外界适宜的温度、湿度条件下,经 1~6d 完成孢子化过程,形成孢子化卵囊(内含 4 个孢子囊,每个孢子囊含有 2 个子孢子),只有孢子化卵囊才具有感染性。

当孢子化卵囊被羊吞食后,卵囊壁被消化液溶解,子孢子从卵囊中释放出来,钻入羊肠上皮细胞,然后穿过细胞质移行到细胞核附近,有些种类的子孢子甚至能使核膜形成凹陷,然后逐渐变为圆形的滋养体,滋养体的细胞核进行数次裂殖生殖,然后细胞质向核周围集中。分裂中的虫体称为裂殖体,产生的后代称为裂殖子,一个裂殖体内含有数十个或更多的裂殖子。第一代裂殖子从裂殖体中释放出来时,常使肠上皮细胞受到破坏,裂殖子又进入新的未感染的肠上皮细胞内,进行第二代裂殖生殖。如此反复,使上皮细胞遭受严重破坏。

经过一定代数的无性生殖后,裂殖体不再发育为裂殖子,而发育为配子母细胞。其中一部分转化成小配子母细胞,分裂后形成小配子(雄配子),另一部分转化形成大配子母细胞,进一步发育为大配子(雌配子),大、小配子融合形成合子的过程称为受精。受精过程结束形成合子后,虫体便开始形成卵囊。卵囊形成后,宿主细胞破溃,卵囊进入肠腔,随粪便排出体外。

(三)流行特点

各品种的山羊、绵羊对球虫均有易感性,但山羊的感染率高于绵羊,1 岁以下的感染率高于 1 岁以上的。成年羊多呈隐性感染,是球虫病的长期带虫者并散布病原,其粪便污染的饲料、饲草、饮水、羊舍及哺乳母羊的乳汁可引起本病的传播。多数羊体内可同时检出 2 种或 2 种以上的球虫种类。1～3 月龄羔羊的发病率和死亡率较高,发病率几乎为 100%,死亡率高达 60%。

本病在世界范围内广泛分布,呈地方性流行。流行无明显季节性,但多流行于春、夏、秋三季,秋季感染强度最大。冬季气温低,不利于卵囊发育,发病率较低。

一般舍饲羊的球虫感染率与放牧羊无明显差异,但舍饲羊的感染强度高于放牧羊。采用漏粪地板的羊舍,其球虫感染率和感染强度相对较低。

应激在球虫病的发生中起着非常重要的作用。如突然更换饲料、天气变化、断奶、混群、长途运输等,可导致机体免疫状态发生变化,从而引起抵抗力下降,潜伏在机体中的球虫便乘虚而入,使羊发生球虫病。

(四)临床症状

临床症状的轻重及危害程度与羊的品种、日龄、机体自身的免疫状态、应激、环境卫生状况及球虫的种类、感染强度等因素有关。

成年羊多呈隐性感染,成为带虫者,临床上往往不表现任何症状。绵羊可见出血性腹泻,但羔羊一般不出现。山羊羔羊感染致病性球虫卵囊后,轻者以排软便(似牛粪样,呈软块状,黏结成团)和拉稀粪(粪便为稀水、糊状,极少数呈棕色、黄色或煤焦油样)为主;重者在发病初期体温升高,后下降。病羊初期的粪便松软,不成粒状,有的带有黏液,但精神、食欲尚可。3～5d 后开始下痢,粪便由粥状到水样,黄色或黑褐色,常混有血液、脱落的肠黏膜和上皮,气味腥臭,沾污尾根和大腿内侧皮毛。食欲减退或废绝,饮欲增加,喜卧地,不愿走动,并迅速消瘦。一般发病 2～3 周后恢复,耐过羊可产生免疫力,不再感染发病。有时可见病羊腹胀,被毛脱落,眼和鼻的黏膜有卡他性炎症。部分羊表现为软脚、脱水衰竭死亡,死亡率通常在 10%～25%,有时高达 80%。慢性病例则表现为长期下痢,病羊消瘦、贫血。此外,有球虫寄生的羊只易继发感染其他传染病,特别是细菌性疾病。

(五)剖检变化

病羊尸体消瘦,后肢及尾根部常沾染稀粪。经剖检,病死羊的主要病变见于肠道,其突出表现为小肠炎和结肠炎。在回肠和结肠的浆膜和黏膜表面有许多淡白色或黄色圆形、卵圆形球虫结节,大小有粟粒到豌豆大,常成簇分布。十二指肠和回肠有卡他性炎症,并有点状或带状出血,有的出现糜烂和溃疡。剪开肠管,肠内充满带血丝的胶冻样稀便。肠系膜淋巴结炎性肿大。

(六)诊断

在粪检的同时根据流行病学资料(年龄、季节、感染数量、死亡率)、饲养管理条件、临床症状(腹泻、脱水和渐进性消瘦)、剖检变化(肠道病理损伤)、治疗效果等因素进行综合判定。

若用饱和盐水漂浮法检查新鲜羊粪,能发现大量球虫卵囊,或在羊死后镜检肠黏膜刮取物、结节病灶内容物涂片或切片,发现大量球虫的各期虫体(不同发育阶段的裂殖体、配子体),即可确诊。

由于带虫现象在羊群中极为普遍,因此,仅在粪便中发现球虫卵囊而进行确诊是不可靠的。当8~12周龄的羔羊1g粪便中的卵囊数高达10万个时,在临床上也可能表现正常。

(七)防治

1.预防

加强饲养管理,饲料中维生素 A 和维生素 K 的缺乏均可诱发本病的发生;同时做好羊舍、饲草、饲料、饮水的清洁卫生,对圈舍应经常清扫,对清扫的粪便和垫草应集中堆积发酵处理,以杀死球虫卵囊;成年羊常为带虫者,羔羊应及时断奶,将成年羊与羔羊分群饲养,防止羔羊摄入大量卵囊而发病;感染严重时,可全群内服抗球虫药物进行预防;发现病羊应及时隔离治疗;从外地引进羊时,应结合预防其他疫病、隔离观察和驱虫等,经检查确保为健康羊后方可合群;球虫卵囊对外界的抵抗力很强,一般消毒药很难将其杀死,对圈舍和用具,最好使用3%热碱水消毒,也可用火焰进行消毒。此外,国外已有用弱毒球虫苗免疫预防羊球虫病的报道。

2.治疗

①氨丙啉:使用剂量为 25~50mg/kg 体重,口服,连用 14~19d,对预防、治疗有效。

②莫能菌素:使用剂量为 20~30mg/kg 体重,混饲,连喂 7~10d。

③磺胺二甲氧嘧啶:使用剂量为 100~140mg/kg 体重,口服,连服 3~5d,对羔羊球虫病有效;每日 25mg/kg 体重,连服 1 周,有预防作用。

④磺胺-5-甲氧嘧啶+增效剂(TMP):按 5∶1 比例配合,以每天 0.1g/kg 体重的剂量口服,连用 2d,有治疗效果。

⑤磺胺氯吡嗪钠:使用剂量为 1.2mL/kg 体重,2 次/d,连用 3~5d。

⑥妥曲珠利(百球清):羔羊使用剂量为 20mg/kg 体重,口服,连用 2d。

⑦磺胺喹噁啉:使用剂量为 12.5mg/kg 体重。

⑧癸氧喹酯:使用剂量为 0.5mg/kg 体重,混饲,至少连用 28d;或与食盐混饲(2kg 6%癸氧喹酯预混剂与 50kg 的食盐混合)。泌乳期的绵羊和山羊禁用。

⑨拉沙菌素:使用剂量为 15~70mg/kg 体重,口服。

⑩盐霉素:使用剂量为 20~30mg/kg 体重,混饲,连喂 7~10d。

使用磺胺药期间一定要保证供水充足,如果磺胺药因缺水不能保持其溶解状态的话,就会产生结晶尿,损害羊的肾脏。

也有用苦艾、夜关门叶等中草药治疗羊球虫病的报道。

三、羊弓形虫病

羊弓形虫病是由住肉孢子虫科弓形虫属的刚地弓形虫引起的一种人畜共患的原虫病。本病的中间宿主范围非常广泛,包括山羊、绵羊、猪、黄牛、水牛、马、鹿、兔、犬、猫、鼠等多种哺乳动物和人,此外,还可感染鸟类和一些冷血动物。终末宿主为猫、豹、猞猁等猫科动物。本病在世界范围内广泛存在和流行。在我国,羊弓形虫病不同程度地存在。羔羊发病后表现为免疫力低下、生长缓慢、消瘦、贫血,严重时可出现呼吸和神经系统症状,怀孕母羊感染后常因广泛病变而导致流产、不孕、死胎和产出弱羔。该病不仅直接危害养羊业,而且对整个畜牧业的发展及人类健康都构成了一定的威胁。

(一)病原

弓形虫在细胞内寄生,在巨噬细胞、各种内脏细胞和神经系统内繁殖。依据弓形虫发育阶段的不同,将虫体分为五种类型,即滋养体(速殖子)、包囊(缓殖子)、裂殖体、配子体和卵囊。在中间宿主的各种组织细胞中有滋养体和包囊两种形态。在终末宿主体内除了有滋养体和包囊外,其肠上皮细胞内还有裂殖体、配子体和卵囊三种形态。

1. 滋养体(速殖子)

滋养体(速殖子)主要见于急性病例。典型的速殖子呈香蕉形或新月形,大小为$(4\sim8)\mu m \times (2\sim4)\mu m$,一端尖,另一端钝圆,虫体中央稍偏钝端有一染色质核,约占虫体的$1/4$,胞浆内有时可见数量不等的空泡或大小不一的颗粒。多数速殖子在宿主细胞(主要是网状内皮细胞)内,亦有游离于组织液内的。

2. 包囊(缓殖子)

包囊(缓殖子)见于慢性病例或隐性感染。包囊呈圆形或椭圆形,有很厚的囊壁,直径为$50\sim60\mu m$,囊内含有数十个至数千个缓殖子。缓殖子的形态与速殖子相似,仅核的位置稍偏后。包囊可见于脑、视网膜、心脏、肺脏、肝脏、肾脏等多种组织中,以脑组织为多。包囊型虫体可在宿主体内长期寄生,甚至伴随宿主终生。在急性感染时可见到一种假包囊,系速殖子在细胞内迅速增殖使含虫的细胞外观像一个包囊。

3. 裂殖体

裂殖体为在猫及猫科动物肠上皮细胞内进行裂体增殖阶段的虫体。裂殖体呈圆形,内有$4\sim20$个裂殖子,裂殖子大小为$(7\sim10)\mu m \times (2.5\sim3.5)\mu m$,前端尖,后端钝圆。核呈卵圆形,常靠近虫后端。

4. 配子体

配子体是弓形虫继裂殖体增殖后在终末宿主肠上皮细胞内进行有性生殖阶段的虫体。小配子体色淡,核疏松,后期分裂成小配子;大配子体的核致密,较小,含有着色明显的颗粒,后期分裂成大配子。

5. 卵囊

卵囊见于终末宿主猫及猫科动物的粪便内,未孢子化卵囊呈圆形或近圆形,平均大小为$12\mu m \times 10\mu m$。囊壁两层,无色,无卵膜孔和极粒。在适宜的条件下经$2\sim3d$发育为孢子化卵囊,内有2个孢子囊,每个孢子囊含有4个香蕉状的子孢子。

(二)病原生活史

弓形虫的终末宿主是猫及猫科动物,中间宿主是包括羊在内的200多种动物。猫体内的弓形虫在小肠上皮细胞内进行有性生殖,最后形成卵囊。卵囊随猫粪排出,在适宜条件下,经$2\sim3d$发育为孢子化卵囊。

当羊等中间宿主吞食了被猫粪便中孢子化卵囊污染的饲料或饮水时,卵囊中的子孢子即从其肠内逸出,通过淋巴和血液循环,分布到全身各处,侵入各种类型的有核细胞内进行繁殖,形成速殖子和假包囊,并引起急性疾病。可在腹腔渗出液中找到游离的速殖子。当虫体在宿主体内繁殖受阻时,存留的虫体在一些脏器组织中,特别是脑组织中形成包囊,长期存在。感染进入慢性阶段时,在动物的细胞内形成包囊。羊等中间宿主除因吃到卵囊而感染外,也可因吃到动物肉或乳中的速殖子(滋养体)、缓殖子而感染。羊主要通过摄入被病原体污染的食物或饮水而感染。病原体也可通过眼、鼻、呼吸道、皮肤等途径侵入羊体。弓形虫的速殖子还可通过胎盘感染进入胎儿,发生垂直传播。

当猫吞食了弓形虫的包囊、假包囊及已成熟的卵囊后,在猫肠内逸出的速殖子、缓殖子、子孢子一部分进入血流,到猫体各处进行无性生殖。一部分进入小肠上皮细胞变成裂殖体,再形成许多裂殖子,细胞破裂,裂殖子又进入新的上皮细胞重复以裂殖生殖的方法繁殖数代。最后,有的裂殖子进入肠上皮细胞后发育为小配子细胞,再发育为小配子,有的则发育为大配子细胞,再发育为大配子。小配子和大配子结合成为合子,再发育为卵囊,随猫粪排出。

(三)流行特点

弓形虫病呈世界性分布,在亚洲、欧洲、美洲和非洲国家均有报道,在我国各地均有病例。羊弓形虫病的感染率为 $2.33\%\sim39.13\%$。成年羊的感染率高于幼羊,母羊的感染率高于公羊。该病的感染与季节有关,以温暖、潮湿的夏、秋季为多发季节,一般 7—9 月检出的阳性率较 3—6 月高。羊的感染可能与当地气候和猫的存在有关,多通过消化道食入孢子化卵囊(被猫粪污染的饲料、饲草、饮水等)而感染,也可通过胎盘感染,另外还可经过损伤的皮肤和黏膜发生感染。职业人群在进行屠宰、手术、接产、剖检等工作时,要佩戴手套,注意卫生防护。

感染羊弓形虫病的山羊、绵羊的肉、内脏、血液、渗出物、排泄物和奶制品中可能有弓形虫,可能导致其他动物和人的感染。

(四)临床症状

大多数成年羊呈隐性感染,一般没有特异的症状。有的妊娠母羊常在正常分娩前4~6 周发生流产,流产时常伴有胎衣不下,或产出死胎和弱羔。其他症状不明显。

少数病羊可出现神经系统和呼吸系统症状,表现为精神沉郁,体温升高到 $41\sim42℃$,呈稽留热,食欲减退或废绝,眼结膜潮红,有大量脓性分泌物,不愿走动,叫声嘶哑,呼吸困难,常张口呼吸,咳嗽,流出脓性鼻液,有的听诊肺部有湿性啰音,发生腹泻,有的病羊运动失调、走路不稳、视力障碍、心跳加快、转圈、昏迷等。

(五)剖检变化

剖检可见脑脊髓炎和轻微的脑膜炎,颈部和胸部的脊髓严重受损。全身淋巴结肿大、充血、出血,边缘有小结节;肺脏表面有散在的小出血点;间质水肿;肝有点状出血和坏死灶;脾有丘状出血点;胃底部出血,有溃疡;肾有出血点和坏死灶;大、小肠均有出血点;心包、胸腔、腹腔有积液。流产时,大约一半的胎膜病变明显,绒毛叶呈暗红色,胎盘子叶肿胀,在绒毛间有许多直径为 $1\sim2mm$ 的白色坏死灶,其中含有大量滋养体。产出的死羔皮下水肿,体腔积液,肠内充血,脑尤其是小脑前部有广泛性非炎症性小坏死点。

(六)诊断

根据临床症状怀疑为弓形虫病时,可做如下检查:

在患羊生前可采集其发热期血液、脑脊液、眼房水、尿、唾液或淋巴穿刺液,在患羊死后则通常采集病死羊或流产胎儿的肺脏、肝脏、淋巴结、体液等,涂片或直接触片,自然干燥后,用甲醇固定,用瑞氏染色液或姬姆萨染色后镜检。如发现滋养体或包囊即可确诊。为提高检出率,可取肝脏或肺门淋巴结 3~5g,研碎后加入 10 倍的生理盐水混匀,用双层纱布过滤,滤液以 500r/min 的转速离心 3min,取上清液再以 1500r/min 的转速离心 10min,取沉渣涂片、染色、镜检。也可将新鲜的脊髓液离心沉淀后进行涂片、染色、镜检。

对于未查出虫体的可疑病例,可取其肺脏、肝脏、脾脏、淋巴结等组织研碎后加 10 倍生理盐水,每毫升加青霉素 1000 单位、链霉素 1000μg,混匀,静置数分钟,以其上清液接种于小白鼠腹腔,每只接种 0.5~1.0mL,连续观察 20d,若小白鼠呼吸促迫或死亡,取其腹腔液或脏器进行涂片检查。初次接种的小白鼠可能不发病,可用同法对小白鼠进行连续 3 代盲传,最终进行结果判定。

血清学诊断可用于生前诊断和流行病学调查。常用的方法有染色试验(色素试验)、间接血凝试验(IHA)、酶联免疫吸附试验(ELISA)、Dot-ELISA、间接荧光抗体试验、胶体金标试纸条等。也可用聚合酶链反应(PCR)、环介导等温扩增技术(LAMP)等分子生物学方法进行诊断。

(七)防治

1.预防

加强饲养管理,清洁羊舍,改善卫生条件,定期消毒,防止饲草、饲料和饮水被猫粪污染;对羊的流产胎儿及其他排泄物进行无害化处理,流产的场地也应严格消毒,死羊要严格处理,以防污染环境或被猫及其他动物吞食;羊场禁止养猫,应驱赶野猫,或让猫定期口服磺胺嘧啶片(0.1g/kg 体重,每日 2 次,连用 3d)以杀虫。

2.治疗

对急性病例可应用磺胺类药物,与抗菌增效剂联合使用效果更好,但不能杀灭包囊内的缓殖子。

磺胺嘧啶+甲氧苄胺嘧啶:前者按 70mg/kg 体重的剂量,后者按 14mg/kg 体重的剂量,口服,每天 2 次,连用 3~4d。

磺胺甲氧吡嗪+甲氧苄胺嘧啶:前者按 30mg/kg 体重的剂量,后者按 10mg/kg 体重的剂量,口服,每天 1 次,连用 3~4d。

磺胺间甲氧嘧啶钠注射液:使用剂量为 25~50mg/kg 体重,肌内注射,每日 1 次,连用 3~5d。首次加倍。

磺胺-6-甲氧嘧啶:使用剂量为 60~100mg/kg 体重;或配合甲氧苄胺嘧啶(14mg/kg 体重),每天 1 次,口服,连用 4d。能有效阻抑速殖子在体内形成包囊。

四、羊隐孢子虫病

羊隐孢子虫病是由隐孢子虫科隐孢子虫属的虫体寄生于羊小肠黏膜上皮细胞引起的一种人畜共患的原虫病。

(一)病原

寄生于绵羊和山羊的隐孢子虫主要有微小隐孢子虫、安氏隐孢子虫、牛隐孢子虫、猪隐孢子虫、费氏隐孢子虫、隐孢子虫鹿基因型、牛隐孢子虫样基因型、猪基因型Ⅱ等,其中微小隐孢子虫和隐孢子虫鹿基因型为优势隐孢子虫种和基因型。

从自然感染的羊体内分离出的隐孢子虫卵囊呈球形或亚球形,无色,卵囊大小为$(4.480\sim5.104)\mu m\times(4.167\sim5.000)\mu m$,平均大小为$5.000\mu m\times4.583\mu m$。卵囊壁光滑,有裂缝,无卵膜孔、孢子囊和极粒,卵囊形状指数(长/宽)为$1\sim1.10$,平均为1.09。卵囊内含4个香蕉形的子孢子和1个残体。

(二)病原生活史

与球虫相似,全部生活史需经3个发育阶段。

1.裂殖生殖

孢子化卵囊被羊吞入后,温度作用使其内部子孢子活力增强,引起子孢子的运动和位置改变,卵囊壁上的裂缝扩大,子孢子即从裂缝中钻出,以其头端与肠黏膜上皮细胞表面接触后,发育为球形滋养体。滋养体经核分裂后形成第一代裂殖体,内含6或8个裂殖子,继续发育至第二代裂殖体,内含4个裂殖子。

2.配子生殖

第二代裂殖子进一步发育为大配子体和小配子体。成熟的小配子体含16个子弹形的小配子和1个大残体,小配子无鞭毛。小配子附着在大配子上受精,在带虫空泡中变为合子。合子外层形成囊壁后即发育为卵囊。

3.孢子生殖

孢子生殖也是在带虫空泡中完成的。在宿主体内可产生2种不同类型的卵囊,即薄壁型卵囊和厚壁型卵囊,均没有极帽和微孔。前者占20%左右,在宿主体内自行脱囊,从而造成宿主的自体循环感染;后者占80%,随宿主粪便排至体外,污染周围环境,造成个体间的相互感染。

从感染到排出卵囊之间所需的时间(潜隐期),在不同宿主体内为$2\sim9d$,而卵囊排出期(显露期)可持续数天到数周不等。

(三)流行特点

该病呈世界性分布,在我国内蒙古、青海、宁夏、贵州、四川、河南、吉林、重庆、安徽、辽宁、山东、江苏、陕西等省(自治区、直辖市)均有报道。

绵羊隐孢子虫病的主要传染源是大于30日龄的绵羊羔羊和围产期绵羊。各年龄段的山羊均能感染隐孢子虫,但羔羊更易感,其感染强度与机体免疫力有关。山羊隐孢子虫病的传染源是感染隐孢子虫的围生期母羊和无症状隐性感染的成年山羊。含卵囊的母山羊粪为新生羔羊感染隐孢子虫的主要感染源,大部分羔羊都会在出生后的几周即感染隐孢子虫。

本病的发生无明显的季节性,但在温暖、多雨季节发病率较高。卫生条件较差或饲养管理条件不良都是本病流行的重要因素。

(四)临床症状

大多数羊感染隐孢子虫后并不表现症状,成年羊多耐过,或症状轻微,发病以羔羊为主。绵羊羔隐孢子虫病的潜伏期为$2\sim7d$,一般不超过1周,山羊羔的潜伏期约为4d。主要临床表现为精神沉郁,采食量下降,持续性腹泻,粪便通常呈黄色,软便或者水样便,其中含有大量黏液、肠黏膜脱落碎片和血液,有恶臭。病羊生长缓慢,体重不增加或降低,发育停滞。后期肠黏膜遭到大量破坏后,致病微生物可趁机通过肠道进入血液,感染全身组织器官,病羊出现全身症状,如体温升高、浑身无力、喜卧、不愿行走,在羊群中容易掉队,病程为 10~15d。较小的羊羔病期稍长,而且比年龄大的羊容易复发,3~14 日龄的羔羊死亡率较高,在 30% 以上。

(五)剖检变化

对病羊尸体进行剖检,可见小肠绒毛出现萎缩,局部黏膜脱落、充血、出血,伴发溃疡灶,肠炎,肠内容物消化不充分,有时还能看到完整的饲料颗粒。

(六)诊断

由于流行病学、临床症状和剖检变化都缺乏明显的特征,非病原性诊断还不完善,因此,通过粪检和尸检发现的不同发育阶段的虫体是确诊的依据。将羊粪便捣碎后,用 10 倍量的水稀释搅匀,用纱布过滤,将滤液置于饱和蔗糖溶液中,搅拌均匀后,静置 30min,取漂浮液用显微镜观察,隐孢子虫卵囊呈椭圆形。也可将新鲜稀羊粪涂片后用改良抗酸染色法或改良齐-尼氏染色法染色,染色后隐孢子虫卵囊在蓝色背景下为红色或桃红色,圆形或略带卵圆形,成熟卵囊内可见 4 个纺锤形子孢子。

改良抗酸染色法的步骤:涂片后,滴加石炭酸复红液 2~3 滴,在火焰高处徐徐加热,切勿使其沸腾,出现蒸汽即暂时离开,若染液蒸发减少,应再加染液,以免干涸,加热 3~5min,待标本冷却后用水冲洗。用 3% 盐酸乙醇脱色 30~60s,用水冲洗。用碱性亚甲蓝溶液复染 1min,水洗,用吸水纸吸干后在显微镜下观察。

不同隐孢子虫虫种或基因型从形态上难以区别,但基因序列差异较大,如微小隐孢子虫和隐孢子虫鹿基因型在 18S rRNA 基因序列存在 2.32%~3.20% 差异,热休克蛋白(HSP-70)基因存在 5.80%~7.30% 差异,卵囊壁蛋白(COWP)基因存在 9.40% 差异。

(七)防治

1.预防

目前暂无治疗隐孢子虫的有效药物,可通过提高羊的自身免疫力和加强环境卫生控制该病的发生。

加强营养管理,提高免疫力。粗料和精料搭配饲喂,适时补充电解多维和微生态制剂,可有效增强羊群抵抗力和瘤胃的微生态功能。羔羊出生后,尽早给予足量初乳,以增强羔羊抵抗力。

定期对饲养场及周边环境、操作器具及进出车辆进行消毒。可使用 5% 氨水或 10% 福尔马林对圈舍进行消毒。

加强环境卫生管理。发生过本病的羊场在圈舍地面、运动场等处都可能存在隐孢子虫卵囊,隐孢子虫卵囊在自然条件下能够存活数月,搞好环境卫生、保持圈舍洁净是控制隐孢子虫病传播、降低感染风险的有效方法。选用 10% 甲醛溶液或漂白粉或 5% 氨水(不能带羊消毒,尽量减少对羊的刺激)等对隐孢子虫有效的消毒剂对羊场环境进行彻底消毒。坚持每天清扫土壤地面,粪便统一堆肥发酵,禁止羊群靠近粪污区。

分圈管理。将不同年龄的羊分群饲养,新生羊只置于无污染的圈舍,并饲喂充足的初乳。避免外来动物进入圈舍和牧场。

尽可能不从该病曾流行地区购入羔羊。

2.治疗

目前尚无特效药物,可参照羊球虫病的治疗方法。

有些羊场使用螺旋霉素、林可霉素、阿奇霉素、磺胺类药物、大蒜素等治疗本病。对轻症病羊采用对症方法治疗,对脱水羊要及时补充补液盐和止泻,防止休克,并加强营养供给,大部分病羊都能康复。发病严重的羊由于肠黏膜发生大面积的脱落,新的肠绒毛生长缓慢,无法充分消化和吸收食物,最后大部分都衰竭而死。临床上统计的重症病羊治疗最后基本都以失败而告终。由于本病是一种人畜共患病,所以治疗过程中应注意避免人的感染。

五、羊新孢子虫病

羊新孢子虫病是由住肉孢子虫科新孢子虫属的犬新孢子虫寄生于羊中枢神经系统、肌肉、肝脏及其他内脏引起的一种原虫病,主要引起孕羊流产或产死胎,以及新生羔羊的运动障碍、神经系统疾病等。

(一)病原

新孢子虫为细胞内寄生原虫,根据发育阶段,可将虫体分为速殖子、包囊、卵囊等。

1.速殖子

大多数速殖子寄生于动物的神经细胞、巨噬细胞、成纤维细胞、血管内皮细胞、肌细胞、肾小管上皮细胞和肝细胞,呈卵圆形、圆形或新月形。其大小因所寄生宿主不同而有所差异,在犬细胞内平均为 $5\mu m \times 2\mu m$,在其他动物体内一般为 $(4.8 \sim 5.3)\mu m \times (1.8 \sim 2.3)\mu m$。

2.包囊

包囊呈圆形或卵圆形,主要寄生于脑、脊椎、神经和视网膜内。大小不等,一般为 $(15 \sim 35)\mu m \times (10 \sim 27)\mu m$。包囊外壁平滑,厚 $1 \sim 3\mu m$,呈分支的冠状结构,无间隔膜。包囊中含有大量细长形的缓殖子,大小为 $(3.4 \sim 4.3)\mu m \times (0.9 \sim 1.3)\mu m$。包囊壁用过碘酸-雪夫(PAS)染色,常呈嗜银染色。

3.卵囊

卵囊见于犬粪便中,呈卵圆形,大小为 $(10.6 \sim 12.4)\mu m \times (10.6 \sim 12.0)\mu m$。卵囊壁无色,孢子化卵囊内含 2 个孢子囊,无斯氏体。每个孢子囊内含有 4 个子孢子和 1 个孢子囊残体。子孢子呈长形,大小为 $(5.8 \sim 7.0)\mu m \times (1.8 \sim 2.2)\mu m$。

(二)病原生活史

新孢子虫的生活史尚未完全清楚,据推测与刚地弓形虫的生活史类似。其发育过程需要两个宿主,在终末宿主(目前仅发现为犬)体内进行球虫型发育,在中间宿主(羊、牛、犬等)体内进行肠外期发育。胎盘感染和食入新孢子虫卵囊是羊感染新孢子虫病的主要途径。

终末宿主吞食了新孢子虫的孢子化卵囊或组织包囊后,在消化道,被释放的子孢子、缓殖子侵入终末宿主细胞,进行球虫型发育和繁殖。以裂殖生殖的方式产生大量裂殖子,通过数代裂殖生殖后,部分裂殖子发育成为配子体。大配子体和小配子体分别发育为大配子和小配子,大、小配子结合形成合子,然后发育为卵囊。卵囊随犬粪便排出体外,在外界适宜条件下发育成孢子化卵囊。

羊等中间宿主食入孢子化卵囊或含有组织包囊的组织而感染。从卵囊中释放出的子孢子或从组织包囊中释放出的缓殖子侵入机体,形成速殖子,进入淋巴、血液循环,随之被带到全身各脏器和组织。速殖子能主动侵入宿主神经细胞、巨噬细胞、成纤维细胞、血管内皮细胞、肌细胞、肾小管上皮细胞和肝细胞,在宿主细胞的细胞质内反复增殖。大多数速殖子寄生于细胞内的带虫空泡中。经过一段时间后,由于宿主产生免疫力或其他因素的作用,一部分速殖子被消灭,一部分繁殖变慢,在脑、脊椎、神经、视网膜等组织中形成包囊,或称组织包囊(内为缓殖子)。在妊娠期,新孢子虫可经胎盘传给胎儿,且在同一个体中可反复发生胎盘感染。

(三)流行特点

羊新孢子虫病呈全球性分布,散发性或地方性流行,在发达国家的流行较发展中国家更为严重。新孢子虫不仅可感染犬、牛、羊、马、猪、猫、兔等家畜,还可感染多种野生动物。同一动物可反复感染。羊新孢子虫病在我国青海、河南、江苏、浙江等地有报道。绵羊比山羊更加易感羊新孢子虫病。

本病一年四季均可发生,以春末、秋初最为常见。犬的存在、放牧方式、牧场规模和卫生条件均是羊感染羊新孢子虫病的风险因素。

(四)临床症状

本病主要引起孕羊流产或产死胎,以及新生羔羊的运动障碍和神经系统疾病等。

(五)剖检变化

与虫体的寄生部位有关,病变可发现在一处或多处。在病变部位可发现速殖子和组织包囊。流产胎儿和死亡幼畜的主要病变包括:非化脓性脑炎和脑脊髓炎;非化脓性心肌炎和多灶性肌炎;流产胎儿自溶,胎盘水肿,子叶绒毛坏死;肝脏肿大,质脆、色暗,在肝小叶凝固性坏死组织间有速殖子;肺出血、充血、水肿;皮炎;脾肿大,脾内网状内皮细胞增生。

(六)诊断

若动物频频出现流产,则胎儿常自溶;幼龄动物出现神经症状和瘫痪;母畜出现后肢麻痹等症状,可怀疑新孢子虫感染。但确诊必须根据病理组织学检查、免疫组织化学法检查、血清学检查、PCR诊断等结果进行综合判断。

1.病理组织学检查

取死亡胎儿的脑、心脏、肝脏等组织按常规方法制作组织切片,镜检可见局灶性、非化脓性脑炎,心肌炎,骨骼肌炎,肝炎和新孢子虫的速殖子及包囊。

2.免疫组织化学法检查

取病死动物的大脑、肝、肾、胎盘或其他病变部位组织,切片后对免疫组织进行化学染色,用抗新孢子虫血清检测新孢子虫速殖子及包囊。

3.血清学检查

用 ELISA、间接荧光抗体技术(IFAT)测定血清和初乳中的抗新孢子虫抗体。商品试剂盒有美国 IDEXX 公司生产的犬新孢子虫抗体检测试剂盒(N. caninum Antibody Test Kit)和瑞典 Svanova 公司生产的 N. caninum Antibody Iscom ELISA Test Kit 等。

4.PCR 诊断

设计特异性引物扩增新孢子虫的基因可诊断动物脑、肺、肝、体液中的新孢子虫。常选用的遗传标记分别是普通 PCR 选用 18S rRNA、ITS1 和 pNc5,巢式 PCR 选用 P40 等。

(七)防治

1.预防

①加强管理。养羊场禁止喂犬,禁止用羊的胎盘、流产的胎儿喂犬。对羊场内及其周围的犬进行严格的管理,禁止犬进入羊舍,防止犬粪污染羊的饲料或饮水。目前美国农业部批准上市了一种名为 NeoGuard 的灭活苗,能显著降低健康初孕母牛的流产率,但还不能切断胎盘感染(贺德华、李娇,2014)。

②严格检疫。从外地购进羊时,应对引进的羊进行严格的检疫、隔离饲养,确认无新孢子虫感染方可并群。

2.治疗

早期使用磺胺-6-甲氧嘧啶或磺胺嘧啶(70mg/kg 体重)+甲氧苄胺嘧啶(14mg/kg 体重),每日给药 2 次,连用 3～4d,首次量加倍。或用磺胺嘧啶＋乙胺嘧啶,或用复方新诺明、长效磺胺等其他磺胺药。

六、羊住肉孢子虫病

羊住肉孢子虫病是由肉孢子虫科肉孢子虫属的原虫寄生于羊横纹肌引起的一种寄生虫病。在全国各地都有分布,部分地区的感染率能达到 100%。感染羊被屠宰后,其肉制品一旦上市,就会对人体健康构成严重威胁。

(一)病原

寄生于绵羊的住肉孢子虫有白羊犬肉孢子虫、羊犬肉孢子虫、巨肉孢子虫和水母形肉孢子虫,寄生于山羊的住肉孢子虫有山羊犬肉孢子虫、家山羊犬肉孢子虫和莫尔肉孢子虫,终末宿主均为犬和猫。

寄生在羊肌肉内的住肉孢子虫包囊(也称米氏囊),与肌纤维平行,多呈纺锤形,灰白色或乳白色,小的肉眼难以见到,大的可达数厘米,内含许多香蕉状的缓殖子,也称南雷氏小体,囊壁上有膈。

卵囊膜薄,极易破裂。孢子化卵囊内有 2 个孢子囊,孢子囊内有 4 个子孢子和 1 个内残体。子孢子呈香蕉形,内残体呈小颗粒状。

(二)病原生活史

住肉孢子虫的发育史需经历无性生殖和有性生殖两个世代,其无性生殖发育在羊等中间宿主体内完成,有性生殖发育在犬、猫等终末宿主体内完成。

当犬、猫等终末宿主吞食含有住肉孢子虫包囊的羊肉后，包囊在消化液的作用下在肠道中溶解，释放出缓殖子，缓殖子可黏附于肠壁，并逐渐向内部深入，进入黏膜下层和固有层发育为大配子体和小配子体，大、小配子体的配子发育一段时间后结合形成合子，合子再继续发育，其表面会形成一层壁，即卵囊。卵囊可直接在肠壁中发生孢子化，成为孢子化卵囊。卵囊壁极薄，极易破裂，其内的孢子囊被释放出来后进入肠内容物中，随粪便排出体外并污染环境。因此，粪便检查时主要看到的是孢子囊。犬、猫等肉食动物感染后5～15d通过排便排出孢子囊，排囊高峰期为感染后24～25d，排囊持续期可达3个月。

羊等中间宿主在食入或饮入被含卵囊或孢子囊的犬等的粪便污染的饲料、牧草或饮水后感染本病。孢子囊在羊的消化酶和胆汁作用下，在小肠释放出子孢子，子孢子可钻入肠壁进入血管，随血液循环到达全身组织器官，常定植于血管内皮细胞中进行裂殖生殖，约在感染后12d形成第一代裂殖体。裂殖体破裂，释放裂殖子，裂殖子再次进入血管内皮细胞进行裂殖生殖，形成第二代裂殖体。此期出现在感染后23～33d。第二代裂殖子进入单核细胞和血液中，进行第三次裂殖生殖，产生的裂殖子很快随血液循环进入羊的全身肌肉中并发育为包囊，长期存在。早期的包囊较小，仅含有球形的母细胞，经一个月或数个月发育成熟。成熟的包囊内壁向囊内延伸，构成很多中隔，将囊腔分为若干小室，小室中有许多肾形或香蕉形的缓殖子。当人或其他动物食用含有包囊的肌肉后可发生感染，病原发育又进入下一个循环。

（三）流行特点

不同品种和日龄的羊都能发生感染，年龄越大，感染率越高，终末宿主粪便中的孢子囊能通过鸟类、蝇虫和甲虫来散播本病。

（四）临床症状

羊感染后的临床症状通常表现轻微，肉孢子虫位于心肌则引起严重的心肌炎。心肌发生局限或弥漫性炎症，表现为疲乏、发热、胸闷、心悸、气短、头晕，严重者可出现心功能不全或心源性休克。只有严重感染时才出现食欲不振，全身虚弱，肌肉无力，不能行走过长时间，在羊群中容易掉队等症状。如果母羊在妊娠期间感染，则出现共济失调、体温上升、流产等症状，严重者甚至发生死亡。

（五）剖检变化

可见病羊全身横纹肌上有大量的白色梭形包囊，在后肢、腹部、腰荐部、心脏和膈肌部位分布最多。

（六）诊断

由于发生本病的羊的临床症状轻微，即使表现出症状也很难与其他疾病相鉴别。因此，对于正常的羊群，生前诊断可用间接血凝试验（IHA）、酶联免疫吸附试验（ELISA）、荧光抗体试验（IFA）等方法，同时结合临床症状、剖检变化和肌肉压片镜检法才能确诊。

对于死亡的羊则可通过尸体剖检诊断，必要时取肌肉组织压片进行镜检。将采集的每个待检肉样剥去肌膜，分别称0.1g，沿肌纤维纵长方向剪成小条，置于一张载玻片上，分摊均匀，滴加适量50%甘油水溶液透明，盖上一张载玻片压片，将两张载玻片用力挤压至肉样半透明为止。每个部位制作3张压片。在显微镜下镜检，计数。在每个部位的任何一个样品中发现 1 个包囊,即判定为阳性。

(七)防治

1.预防

①加大对羊住肉孢子虫病的宣传力度,加强对终末宿主的日常管理和对病原的控制。处理好动物粪便,防止饮水和食物被犬、猫粪便污染,防止感染扩散;严禁用生肉、肉制品喂猫、犬;对于病羊尸体、含有病变的内脏、肉样应及时销毁,禁止食用其肉,或将牛肉喂犬、猫等动物。

②加强羊的饲养管理。羊场应注意每天做好卫生管理工作,坚持羊舍中的粪便一日一清理,粪便集中堆肥发酵处理,定期对圈舍进行消毒,防止中间宿主感染。严禁包括人在内的终末宿主的粪便污染羊的饲料、饲草和饮水,以切断传染源。定期对羊群进行驱虫,给羊饮用自来水或流动的活水。

③加强个人饮食卫生,做到饭前便后洗手,生、熟肉分开切,肉和蔬菜分开切。不吃生羊肉或未煮熟的羊肉。不饮用卫生不达标的水。

2.治疗

对于羊住肉孢子虫病的治疗尚处探索阶段,目前尚无特效治疗药物或疫苗用于防治。在实验条件下,对牛口服氨丙啉可减少牛接种枯氏住肉孢子虫所引起的病理损伤。

七、羊贾第鞭毛虫病

羊贾第鞭毛虫病是由六鞭虫科贾第虫属的山羊贾第虫寄生于羊的肠道引起的一种原虫病。

(一)病原

贾第鞭毛虫虫体有滋养体和包囊两种形态。

滋养体如对切的半个梨形,前半部呈圆形,后部逐渐变尖,大小为 $(9\sim20)\mu m\times(5\sim10)\mu m$,腹面扁平而背面隆起。腹面有 2 个吸盘,有 2 个核,4 对鞭毛按位置分为前鞭毛、中鞭毛、腹鞭毛、尾鞭毛。体中部尚有 1 对中体。

包囊呈卵圆形,大小为 $(9\sim13)\mu m\times(7\sim9)\mu m$,虫体可在包囊中增殖,因此在囊内可见到 2 个或 4 个核,有的具有更多的核。

(二)病原生活史

贾第鞭毛虫的包囊被羊或人吞食,到十二指肠后脱囊形成滋养体。其寄生在十二指肠和空肠上段,偶尔也可进入胆囊,靠体表摄取营养,以纵二分裂法繁殖。当肠内干燥或被排至结肠后,滋养体即变为包囊,并在囊内分裂或复分裂,随宿主粪便排至外界。一般在正常粪便中只能查到包囊,在腹泻粪便中可查到滋养体。包囊对外界的抵抗力强,在冰水里可存活数月,在 0.5% 含氯消毒水内可存活 2~3d,在蝇类肠道内可存活 24h,在粪便中其活力可维持 10d 以上,但在 50℃ 或干燥环境中很容易死亡。

(三)流行特点

蓝氏贾第鞭毛虫病呈世界性分布,多见于温带和热带地区,在印度、日本、马来西亚、菲律宾、西班牙、澳大利亚、中国等国家均有报道,但与地区性的经济条件和卫生状况关系更为密切。经济落后、卫生状况差、缺乏清洁饮用水的地区发病率较高。

蝇和蟑螂食入包囊可成为机械性传播媒介。

(四)临床症状

不同种类的动物感染贾第鞭毛虫后,其临床症状有很大差异,从无症状或轻度症状直至严重腹泻,这与贾第鞭毛虫虫株的毒力、摄入包囊的数量、宿主年龄以及感染时的免疫状态有关。常伴有腹泻、厌食、精神不振和生长发育不良的症状,严重者可发生死亡。

(五)诊断

可根据临床症状及粪便检查结果确诊。粪便检查时,用新鲜粪便加生理盐水做成抹片,自然干燥(或者 60℃烘干)。将玻片放在 70%乙醇碘液(先配制储存液,加碘颗粒到 70%乙醇中直至获得深色的溶液。使用时用 70%乙醇稀释到溶液为棕红色为止)中 10min。将玻片放在 70%乙醇中 5min,再放入干净的 70%乙醇中 3min。将玻片放在三色染液中 10min;用 90%乙酸乙醇(99.5mL 90%乙醇+0.5mL 冰醋酸)脱色 1~3s,放在干净的 100%乙醇中浸泡 3min 后放在二甲苯中 10min。最后用加拿大树脂盖上盖玻片,在油镜下进行观察。

ELISA、间接荧光抗体技术(IFAT)等血清学方法可用于辅助诊断。

此外,PCR 检测及 DNA 探针技术也可用于本病的诊断。

(六)防治

1.预防

处理好人和动物的粪便,避免人和动物接触,发现患病动物应及时治疗。

2.治疗

甲硝唑:使用剂量为 20~30mg/kg 体重,每日口服 3 次,连用 5~6d,有良效。或用替硝唑进行静脉注射。为防止继发感染或并发感染应佐以其他抗菌药物。

本章彩图

第六章　羊外寄生虫病防治

一、羊硬蜱病

羊硬蜱病是由硬蜱寄生于羊体表而引起的一种外寄生虫病。硬蜱是硬蜱科多种蜱属蜱的简称,俗称"草爬子""草蜱",是寄生于各种家畜和多种野生动物体表的一类吸血性外寄生虫。硬蜱是常见的体外吸血寄生虫,可引起宿主贫血、消瘦、体温升高,影响动物的生长发育,还是各种梨形虫病(焦虫病)和某些传染病的传播媒介。羊硬蜱病对羊危害十分严重。

(一)病原

硬蜱的种类很多,其中与羊关系较密切的有 6 个属,即硬蜱属、血蜱属、璃眼蜱属、革蜱属、扇头蜱属、花蜱属。其共同的形态特征:虫体呈红褐色,背腹扁平,呈长椭圆形,雌雄异体。头、胸、腹愈合在一起。大小相差很大,未吸血的雌蜱和雄蜱如同芝麻粒,而饱血后的雌蜱大如蓖麻子(图 6-1)。

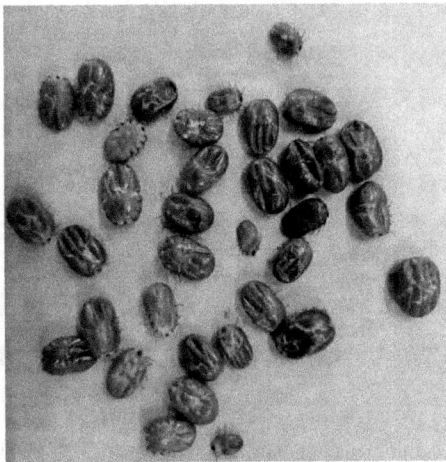

图 6-1　从羊体表摘除的蜱

按其外部附器的功能与位置,可将其分为假头和躯体两部分。假头包括假头基和口器,位于蜱的前端。假头基的形状因蜱的种类而异,一般呈梯形、矩形、三角形或六角形等;口器由一对居两侧的须肢和在其内背侧的一对螯肢及腹侧的一个口下板组成,螯肢和口下板之间为口腔。躯体一般呈卵圆形。在躯体的腹面,成虫、若虫各有 4 对足,幼虫有 3 对足。成虫腹面的前部正中为生殖孔,后部正中为肛门。有的蜱种在腹面还有几块几

137

丁质板。在躯体的背面,最显著的构造是有角质的盾板,雌虫、若虫和幼虫的背盾板覆盖了背部的前1/3;雄虫的背盾板覆盖整个背面。在盾板上有各种花纹、刻点和沟。有的蜱种在背盾板的前外侧缘上方有一对眼,有的蜱种在躯体后缘还具有方块形的花边(缘垛)等。常以肛沟的有无和位置,假头基的形状,须肢的长短,背盾板的颜色,眼和缘垛的有无,腹面的第一基节的形状,腹板的多少及有无等多种特征来进行蜱的属、种鉴定。

虫卵较小,呈圆形或卵圆形,淡黄色或褐色,胶着成团。

(二)病原生活史

硬蜱的发育属不完全变态,要经过卵、幼蜱、若蜱、成蜱4个阶段。卵在外界适宜的条件下经2~4周或一个月以上孵出幼蜱。经数天后幼蜱爬到动物体上吸血,吸饱血后落地,或仍寄生于宿主,经蜕皮发育为若蜱。若蜱继续寄生于原宿主或其他宿主,吸饱血后落地,或仍寄生于宿主,经蜕化发育为成蜱。成蜱寄生于另一宿主或在原宿主体上吸血,不久即在动物体上进行交配。交配后雄蜱即死亡,吸饱血的雌蜱离开宿主落地,在阴暗潮湿处产卵,可产数千到上万个虫卵。

蜱完成生活史所需时间随蜱的种类和环境条件而异。有的1年发生几代,有的1年1代,也有的需两三年发生1代。如微小扇头蜱完成1个世代所需的时间仅50d,而青海血蜱则需3年。根据其发育过程和吸血方式可将蜱分为一宿主蜱、二宿主蜱和三宿主蜱3类。

一宿主蜱:蜱的发育过程是在一个宿主体上完成的,即除产卵期外均不离开宿主。如微小扇头蜱。

二宿主蜱:蜱在发育过程中需要更换2个宿主,即若蜱在吸饱血落地蜕皮后再侵袭第二个宿主,直至发育为成蜱再落地产卵。如残缘璃眼蜱。

三宿主蜱:蜱在发育过程中需要更换3个宿主,即幼蜱侵袭一个宿主,经吸血发育后,落地蜕皮变为若蜱。若蜱再侵袭第二个宿主,吸血发育后落地蜕皮变为成蜱。成蜱再侵袭第三个宿主,吸血后落地产卵。如长角血蜱、草原革蜱等。

蜱在各发育阶段不仅对温度、湿度等气候变化有不同程度的适应能力,而且具有较强的耐饥饿能力,成蜱阶段的寿命尤其长。据报道,微小扇头蜱成蜱在试管内可耐饥5年,幼蜱耐饥达9个月。蜱还存在滞育现象,这是对不良环境条件的一种适应,表现为饿蜱(成蜱、若蜱或幼蜱)不活动,不寻找宿主(行为滞育),饱食过程延迟(摄食滞育),饱食雌蜱产卵延迟(生殖滞育),饱食幼蜱和若蜱变态延迟及卵期胚胎发育延迟。

(三)流行特点

硬蜱分布广泛,硬蜱的分布、出没时间随着各地的气候、地理、地貌等自然条件不同而不同。有的蜱种分布于深山草坡及丘陵地带,有的分布于森林及草原,也有的栖息于农区的家畜圈舍。成蜱一般在石块下或地面的缝隙内越冬。

一般每年的2月末到11月中旬都有硬蜱活动。蜱的活动季节也随蜱种的不同而不同。如:草原革蜱,在我国的北方2月末就可出现在畜体上;华北地区的长角血蜱,在3月底就开始侵袭羊体,一直到11月中旬才消失。

硬蜱可侵袭各种品种的羊、牛、马、禽等多种动物和人。各年龄阶段的羊均可能被侵袭。羊被硬蜱侵袭多发生于白天放牧、采食的过程中(少数为舍内蜱)。硬蜱可寄生在羊全身各处,主要寄生在皮薄毛少部位,特别是羊的耳壳内外侧、口周围、头面部和腹下内侧,直至吸饱血后从羊身上脱落到地面、缝隙等处产卵。

(四)危害

1.直接危害

蜱侵袭羊体后,多在羊嘴、眼皮、耳朵、前后肢内侧、阴户等柔软、毛短的皮肤上叮咬(图6-2～图6-4)。吸血时口器刺入皮肤可造成局部损伤,导致组织水肿、出血,皮肤肥厚。有的还可继发细菌感染,引起化脓、肿胀或蜂窝织炎等。当羊被大量蜱侵袭时,由于过量被吸血,加之蜱的唾液内的毒素进入机体后,破坏造血器官,溶解红细胞,造成恶性贫血,使血液有形成分急剧下降,会出现严重贫血、消瘦、生长发育缓慢、皮毛质量下降、产奶量下降等症状。部分怀孕母羊会出现流产。此外,蜱唾液内的毒素作用有时还会导致羊出现神经症状及麻痹,造成"蜱瘫痪",甚至导致羊死亡。

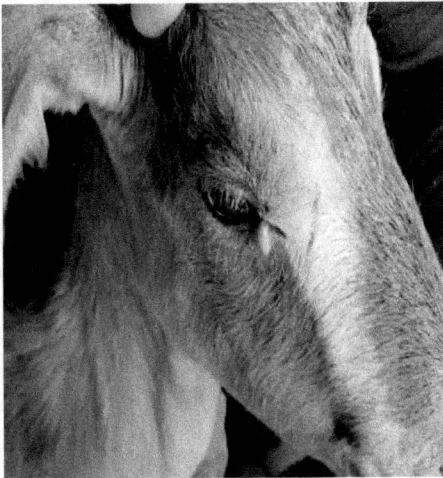

图6-2 寄生在羊眼周的蜱

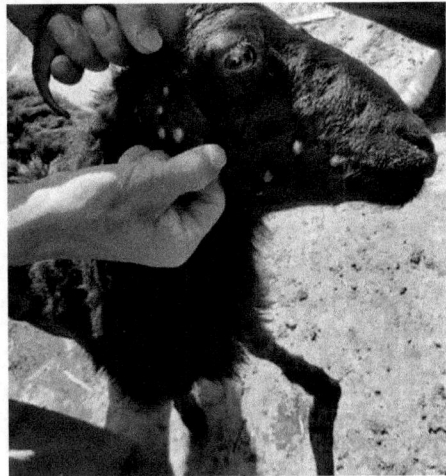

图6-3 寄生在羊头、耳的蜱

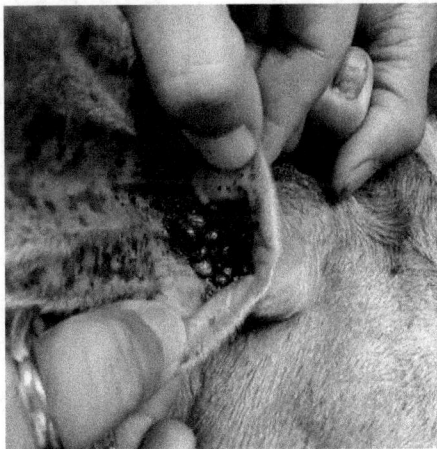

图6-4 寄生在羊耳朵里的蜱

2. 间接危害

硬蜱叮咬吸血时可传播的疾病较多。已知蜱是 83 种病毒、14 种细菌、17 种回归热螺旋体、32 种原虫以及钩端螺旋体、鸟疫衣原体、支原体、犬巴尔通体、鼠丝虫、棘唇丝虫的媒介或贮存宿主，其中大多数会导致自然疫源性疾病和人畜共患病，如森林脑炎、莱姆病、布氏杆菌病、出血热、Q 热、蜱传斑疹伤寒、鼠疫、野兔热、炭疽、无浆体、立克次氏体等。蜱在兽医学上具有特殊、重要的地位，因为对家畜危害极其严重的梨形虫病都必须依赖硬蜱来传播。

（五）诊断

根据羊身上检出的大小不同的硬蜱即可做出初步判断。如需要鉴定到种，可进行传统的形态观察或基于核糖体内转录第一间隔区（ITS1）、第二间隔区（ITS2）或线粒体 16S rRNA 基因等遗传标记进行分子鉴定。

（六）防治

1. 消灭体表的蜱

①人工摘除。在饲养量少、人力充足的条件下，要经常检查羊的体表，发现蜱时应及时摘掉，摘取时可用尖嘴镊子在紧靠皮肤的地方沿着与皮肤垂直的方向向上拔出蜱虫，拔出蜱虫后如果伤口出血，要进行止血，同时用酒精或碘酊消毒。被摘除的蜱应销毁。

②涂擦。可用 3％马拉硫磷、5％西维因等涂擦羊体表，一般剂量为 30g。在蜱的活动季节，每隔 7～10d 处理 1 次，可以预防蜱虫病的发生。

③药液喷涂。可使用 1％马拉硫磷、0.2％辛硫磷、0.2％杀螟松、0.25％倍硫磷等乳剂喷涂畜体，剂量为 200L/次，每隔 3 周处理 1 次。也可使用氟苯醚菊酯，以 2mg/kg 体重的剂量，背部浇注一次，2 周后重复 1 次。

④药浴。可选用 0.05％双甲脒、0.1％马拉硫磷、0.1％辛硫磷、0.05％毒死蜱、0.05％地压农、1％西维因、0.0025％溴氰菊酯、0.003％氟苯醚菊酯、0.006％氯氰菊酯等乳剂，对羊进行药浴。

此外，也可试用伊维菌素或阿维菌素，以 0.2mg/kg 体重的剂量进行皮下注射。

对于感染严重且体质较差、伴有继发感染者，应注意对症治疗。

2. 消灭圈舍内的蜱

有些蜱如残缘璃眼蜱在圈舍的墙壁、地面、饲槽等缝隙中栖息，可先选用 1％阿维菌素乳液用水稀释 4000 倍后喷洒或 6％复方氯菊酯水溶液用水稀释 500 倍后喷洒；再用水泥、石灰或黄泥堵塞缝隙。必要时也可隔离、停用圈舍 10 个月以上或更长时间，使蜱无法寄生而自然死亡。

3. 消灭环境中的蜱

根据具体情况可采取轮牧，相隔时间为 1～2 年，牧地上的成蜱即可自然死亡。也可在严格监督下进行烧荒，破坏蜱的滋生地。有条件时，可选择上述有关杀虫剂的高浓度制剂或原液，进行超低量喷雾。

4. 生物预防

国内外还试过用遗传防治和生物防治的方法灭蜱。已发现膜翅目跳小蜂科的一些寄生蜂可在某些硬蜱、血蜱、璃眼蜱及扇头蜱的若蜱体内产卵,待发育为成蜱后,才从蜱体内逸出。蜱被寄生后不久死亡。

另外,白僵菌、绿僵菌、烟曲霉等真菌可引起实验室饲养的边缘革蜱与盾糙璃眼蜱死亡。

二、羊软蜱病

软蜱主要包括软蜱科锐缘蜱属和钝缘蜱属两个种类,是寄生于畜禽体表的一类外寄生虫。软蜱生活在畜禽舍的缝隙、巢窝、洞穴等处,当畜禽夜间休息时,即侵袭畜禽,叮咬吸血,大量寄生时可使畜禽消瘦、生产力降低甚至造成畜禽死亡。

(一)病原

软蜱体扁平,呈卵圆形或长卵圆形,体前端较窄,未吸血前为灰黄色,饱血后为灰黑色。饥饿时虫体较小,饱血后体积增大,但不如硬蜱明显。雌、雄蜱形态相似。最显著的特征和与硬蜱的主要区别:躯体背腹面均无盾板和腹板,由有弹性的革质表皮构成,雄蜱较厚而雌蜱较薄,有明显的皱襞。表皮或具皱纹状或颗粒状或乳突状的小结节,或有圆陷窝。假头位于虫体前端的腹面头窝内,从背面看不到。头窝两侧有1对叶片,称为颊叶。假头基小,近方形,无孔区。大多数无眼,个别有1～2对。须肢为圆柱状,游离,共分4节,可自由转动。口下板不发达,其上的齿较小,靠近基部有1对口下板。躯体背腹两面有各种沟。气门板小。

(二)病原生活史

软蜱的发育需要经过卵、幼蜱、若蜱及成蜱4个阶段。软蜱一生产卵数次,在每次吸血后和夏秋季节产卵,每次产卵数个至数十个,一生产卵不超过1000个。由卵孵出的幼蜱,经吸血后蜕皮变为若蜱,若蜱的蜕皮次数随种类不同而异(有2～7个若虫期)。软蜱只在吸血时才到宿主身上去,吸完血就落下来,藏在动物的居处。吸血多半在夜间,因此软蜱的生活习性和臭虫相似。软蜱在宿主身上吸血的时间一般为0.5～1h。成蜱一生可吸血多次,每次吸血后落下藏于窝中。从卵发育到成蜱需4个月到1年的时间。软蜱寿命长,一般为6～7年,最长可达15～25年。软蜱在各活跃期均能长期耐饿,一般达5～7年,最长15年。我国常见的软蜱有拉合尔钝缘蜱。

拉合尔钝缘蜱:黄色,体略呈卵圆形,前端尖窄,形成锥状顶突,雄蜱较为明显,后端宽圆。表皮呈皱纹状,遍布很多星状小窝。主要寄生于绵羊,在牛、马、骆驼、犬等家畜身上也有寄生,有时也侵袭人。主要生活在羊圈或其他牲畜棚内(鸡窝内也曾发现)。幼蜱通常在9—10月侵袭宿主,幼蜱和前两期若蜱在动物体上取食和蜕皮,长期停留。若蜱在整个冬季都可活动,3月以后很少发现。成蜱也在冬季活动,白天隐伏在棚圈的缝隙内,或木柱树皮下或石块下,夜间爬出叮咬吸血。主要分布于新疆维吾尔自治区。

(三)防治

本病的防治参照羊硬蜱病。

三、羊疥螨病

羊疥螨病是由疥螨科疥螨属的疥螨寄生在羊皮肤内而引起的一种高度接触性、传染性、慢性寄生虫病，又称疥癣病，俗称"癞"。其症状是剧痒、皮肤炎症、脱毛、消瘦和接触性感染。该病常发生于冬、春舍饲季节，夏季放牧时症状不明显。一旦发生，可在短期内感染整个羊群，羔羊症状最为严重，尤其是绵羔羊，往往可能死亡。

（一）病原

疥螨成螨虫体小，长 0.2～0.5mm，肉眼不易看见。体呈扁圆形或龟形，浅黄白色，背面隆起，腹面扁平。在显微镜下可见虫体假头短粗，后方有一对粗短的垂直刚毛，前端有一半圆形的咀嚼式口器。虫体背面有细横纹、刚毛和小刺，腹面有 4 对足（图 6-5），第 1、2 对足较长，突出体缘，后两对足粗短，均不突出体后缘，每对足上均有角质化的支条。雌虫大小为 $(0.33～0.45)mm×(0.25～0.35)mm$，其第 1、2 对足的末端具有一个钟形吸盘，雌虫的生殖孔位于第 1 对足后支条合并的长杆的后面，肛门为一个圆孔，位于体末端。雄虫大小为 $(0.20～0.23)mm×(0.14～0.19)mm$，其第 1、2、4 对足末端具有一个钟形吸盘，雄虫的生殖孔在第 4 对足之间，被围在一个角质化的倒"V"形的构造中。卵（图 6-6）呈椭圆形，平均大小为 $150\mu m×100\mu m$。

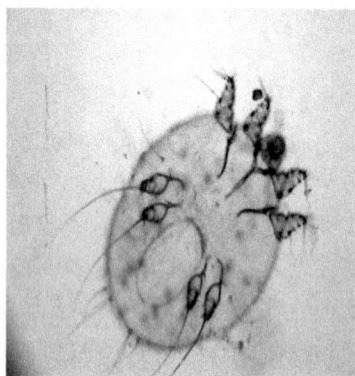

图 6-5　疥螨腹面

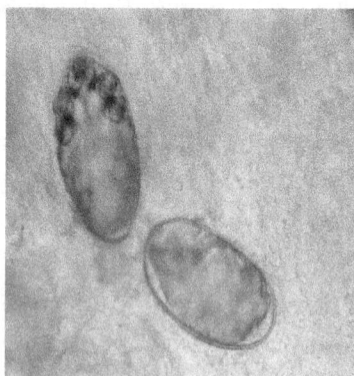

图 6-6　疥螨卵

（二）病原生活史

疥螨的全部发育过程均在动物体上完成，并能世代相继地生活在同一宿主身上，发育为不完全变态，包括卵、幼螨、若螨和成螨四个阶段。疥螨的口器为咀嚼式，寄生于皮肤角质层下，并不断在宿主的表皮内挖掘隧道，以角质层组织和渗出的淋巴液为食，在隧道内进行发育和繁殖。隧道有小孔与外界相连。雌螨在隧道内产卵，一生可产 40～50 个卵。卵经 3～8d 孵化出幼螨，幼螨有 3 对足，蜕皮后变为若螨，若螨有 4 对足，若螨的雄虫经 1 次蜕皮、雌螨经 2 次蜕皮变为成螨。雌、雄螨交配后不久，雄螨即死亡，雌螨的寿命为 4～5 周。疥螨完成一个发育周期需 8～22d，平均为 15d。

（三）流行特点

该病分布比较广泛，多呈散发性或地方性流行。多发于春初、秋末和冬季（因为这些季节阳光照射不足,湿度大,最适合疥螨的生长和繁殖)的舍饲时期,夏季发病率最低(主要是夏季气温较高,在放牧时,太阳直射羊皮肤表面,羊皮肤表面的温度过高,疥螨无法快速、大量繁殖,所以不易传播病原)。不同年龄的羊均可被感染,羔羊较为严重。

健康羊主要是通过与病羊的直接接触而发生感染,也可通过间接接触被疥螨及其卵污染的饲料、圈舍、墙壁、垫草、用具等而感染。特别是在阴暗潮湿、拥挤的羊圈内,螨病更容易发生和蔓延。

疥螨对外界环境有一定的抵抗力。在温度为 18~20℃和空气湿度为 65% 时,经 2~3d 死亡;而在温度为 7~8℃时,则经过 15~18d 才死亡。卵离开宿主 10~30d 仍可保持发育能力。

(四)临床症状

1.山羊

山羊患疥螨病,一般始发于被毛短且皮肤柔软的部位,如嘴唇、口角、鼻孔四周、眼圈、耳根、腋下、乳房、四肢等处的皮肤,以后逐渐向周围蔓延,严重的可扩展到全身。病羊出现奇痒,不断地在墙角、栏杆、木桩等处蹭擦患部,皮肤发红。随着病情的加重,病羊的痒感更为剧烈,皮肤表面会出现红色的丘疹,并逐渐出现细小的结节,最终形成水疱,甚至脓疱,擦破后流出液体,干涸后变为痂皮。局部皮肤增厚,并且羊毛开始脱落。病羊精神不振,食欲明显下降,发育迟缓,逐渐消瘦,若治疗不及时则会导致其病情严重,甚至因衰竭而死亡。

2.绵羊

绵羊患疥螨病时,开始通常发生于嘴唇、口角附近、鼻缘及耳根部,严重时蔓延至整个头、颈部,病变部位形成坚硬白色痂皮,农牧民称此病为"石灰头病"。初期有痒感,继而在皮肤上出现丘疹、水疱和脓疱,以后形成坚硬的灰白色痂皮,嘴唇、口角附近或耳根部往往发生龟裂,可达皮下,裂隙内常因感染化脓菌而积有脓液。病灶扩散到眼睑时,导致眼睛肿胀、畏光、流泪,甚至失明。

(五)诊断

根据羊的临床症状(剧痒和皮肤病变)和流行特点(秋末、冬季和春初多发),在可疑病羊身上刮取皮肤组织进行虫体检查,以便确诊。具体操作如下:用外科刀片(经火焰消毒)从病变皮肤和健康皮肤交界处刮取皮屑,要求一直刮到皮肤轻微出血为止。将刮取的皮屑收集到平皿或其他容器中,刮破处涂碘酊消毒。①热源法。刮取皮屑后,可将其置于平皿中,在酒精灯或炉火边微微加热,然后移去皮屑,在平皿下方放置 1 张黑纸,正对光线进行观察,若看到有白色的疥螨移动,则可以确诊。②直接镜检法。刮取皮屑后,添加液体石蜡或 50% 甘油水溶液,将混合液放置于载玻片上,在显微镜下用低倍镜检查,若发现疥螨则可以确诊。③浓集法。将刮取的皮屑放置在试管或烧杯中,然后加入 10% 氢氧化钠或氢氧化钾溶液,静置 1h 或置于酒精灯上加热煮沸 2~3min,待大部分痂皮软化溶解后静置 20min 或离心沉淀 2~3min,弃去上清液,取沉淀物进行镜检,若发现疥螨则可以确诊。

要注意与湿疹、真菌病、虱病、毛虱病等相鉴别。湿疹一般痒感不剧烈,且不受环境、温度影响,无传染性,皮屑内无虫体。真菌病患部呈圆形或椭圆形,其上覆盖的浅黄色干痂易于剥落,痒感不明显。镜检经 10％氢氧化钾溶液处理的皮屑或毛根,可发现真菌孢子或菌丝。虱和毛虱所致的症状有时与疥螨病相似,但皮肤炎症、落屑及形成痂皮程度较轻,容易发现虱及虱卵,皮屑中找不到螨。

(六)防治

1. 预防

①药物预防。坚持"预防为主"的方针,每年定期对羊群进行药浴,保证每年 2 次以上,或皮下注射伊维菌素,可取得预防和治疗的双重效果。

②加强饲养管理。圈舍应经常保持干燥、清洁、光线充足、通风良好,养殖密度不宜过大,要定期清扫和消毒;坚持自繁自养、全进全出的养殖模式,对新购入的羊只应隔离进行检查,确定无螨寄生后再混群饲养,防止带入螨虫;经常观察羊群中有无发痒和掉毛现象,一旦在羊群中发现疑似病羊,要及时进行隔离和治疗,以免互相传染。治疗期间可用0.1％蝇毒磷乳剂、1％～2％敌百虫溶液对圈舍、用具等进行喷洒,以防病原散布。

2. 治疗

①涂药疗法。此法适用于病羊少、患部面积小的情况。可在任何季节使用,特别适合在寒冷季节使用,但每次涂擦面积不宜超过体表的 1/3。可用的药物有:克辽宁擦剂,用克辽宁 1 份、酒精 8 份混合而成;5％敌百虫溶液擦剂,用温水 100mL,加入 5g 敌百虫即成;双甲脒,按每吨水加入 12.5％双甲脒乳油 4000mL,配成乳油水溶液。也可用狼毒进行涂搽,连用 5d。

②药浴疗法。此法适用于病羊数量多的情况及温暖季节,常用于对螨病的预防和治疗。常用于药浴的有机磷制剂有 0.05％辛硫磷乳油水溶液、0.02％～0.03％氧硫磷溶液、0.015％～0.02％巴胺磷水乳液、0.05％蝇毒磷水乳液、0.025％螨净(二嗪农)水乳液、0.5％～1％敌百虫水溶液等。拟除虫菊酯类杀虫剂有 0.005％溴氰菊酯水乳剂、0.006％氯氰菊酯水乳剂、0.008％～0.02％杀灭菊酯水乳剂等。

③注射疗法。此法适用于各种情况的螨病治疗,省时、省力,效果优于以上各种疗法。可用阿维菌素或伊维菌素,以 0.2mg/kg 体重的剂量进行皮下注射。此外,本品也有用于口服的粉剂和供外用的渗透剂,其效果与其他剂型完全一样。

3. 注意事项

①涂搽药物之前,应先剪去患部周围的毛,可用温肥皂水或 2％来苏尔彻底洗刷患部,以除去痂皮,然后擦干患部再用药。

②药浴应选择在山羊抓绒、绵羊剪毛后 5～7d 进行;大规模药浴之前,应先对所选药物做小群安全试验;药液温度保持在 36～38℃,并随时补充新药液,药浴时间 1～2min,注意浸泡羊头;药浴前让羊饮足水,以免误饮药液。

③因大部分药物对螨卵无杀灭作用,治疗时必须重复用药 2～3 次,每次间隔 7～8d,方能杀死新孵出的螨虫,达到彻底治愈的目的。

④工作人员应注意保护自身安全。

四、羊痒螨病

羊痒螨病是由痒螨科痒螨属的痒螨寄生于羊皮肤表面而引起的慢性外寄生虫病,其临床特征为皮肤发生炎症、脱毛、奇痒。绵羊受害最为严重。

(一)病原

痒螨成螨虫体(图 6-7)呈长椭圆形,比疥螨人,大小为(0.3~0.9)mm×(0.2~0.52)mm,肉眼可见。口器较长,呈圆锥形。螯肢和须肢均细长。4 对足细长,前两对足较后两对足粗大。雄虫前 3 对足和雌虫第 1、2、4 对足有细长的柄和吸盘,柄分 3 节。雌虫第 3 对足末端各长有 2 根长刚毛。雄虫第 4 对足短且无吸盘和刚毛,尾端有两个尾突,在尾突前方腹面有两个性吸盘。虫卵灰白色,呈椭圆形。

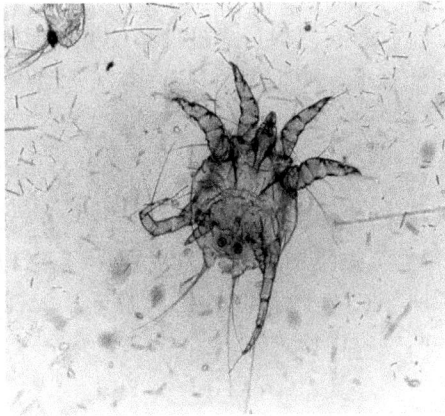

图 6-7　痒螨成螨虫体

(二)病原生活史

痒螨寄生于皮肤表面,以口器刺穿皮肤,以组织细胞和体液为食。整个发育过程都在羊皮肤表面进行。雌螨多在皮肤上产卵,卵经 3~8d 孵化出幼螨(3 对足),幼螨采食后进入静止期,蜕皮成为第一若螨(4 对足),第一若螨采食 24h,经过静止期蜕皮成为雄螨或第二若螨,第二若螨蜕皮变为雌螨(即雄若螨经 1 次蜕化、雌若螨经 2 次蜕化变为成螨)。雌、雄螨交配后不久,雄螨死亡,雌螨采食 1~2d 后开始产卵,一生可产卵约 40 个,寿命约为 42d。整个发育过程需 10~12d。

(三)流行特点

本病通过患病羊与健康羊直接接触或通过健康羊与被痒螨污染的用具间接接触而传播。多发于秋末、冬季和春初。在畜舍潮湿、阴暗、拥挤及卫生条件差的情况下,痒螨病极易流行。

痒螨对外界环境的抵抗力超过疥螨,如在温度为 6~8℃和湿度为 85%~100%的环境下,其在畜舍内能存活 2 个月,在牧场上能活 35d,在−12~−2℃经 4d 死亡,在−25℃经 6h 死亡。

(四)临床症状

1.绵羊

绵羊痒螨病先发生于被毛长而稠密的部位,开始可能局限于背部、臀部,然后蔓延到体侧、尾根等处,是对绵羊危害最为严重的一种螨病。初发时,因痒螨小刺、刚毛和分泌的毒素刺激神经末梢,引起痒觉,可见病羊不断在围墙、栏杆、墙角、槽柱、树木等处摩擦,啃咬或用后肢搔抓病变部而脱毛,继而病变部出现丘疹、结节、水疱乃至脓疱,破溃后,流出渗液,干涸后形成痂皮。病变部皮肤逐渐增厚,形成龟裂。病变往往会扩散至全身,严重者可能死亡。痒螨病与疥螨病的不同之处在于皮肤褶皱的形成较不明显,病变部的被毛易脱落,痒觉入夜增强。病羊表现为贫血、消瘦、高度营养不良,在寒冷的季节里,加上皮肤脱毛,可出现大批死亡。

2.山羊

山羊痒螨病多发于耳壳内面,在耳内形成硬而坚实并且紧贴皮肤的黄白色的痂皮块,将耳道堵塞,炎症常蔓延到外耳道。病羊摇动耳朵,并经常摩擦,食欲减退,缺乏治疗甚至可引起死亡。

(五)诊断

一般可根据发病季节(秋末、冬季及初春多发)和症状(脱毛)以及接触感染、大面积发生等情况做出初步诊断。确诊需刮取皮肤组织发现虫体。可将从病羊皮肤刮取的病料倒在黑纸上,放在阳光下照晒或放在炉子旁加热,用肉眼或放大镜检查,若看到痒螨从病料中爬出并在黑纸上慢慢移动,即可确诊。

(六)防治

1.预防

本病预防同羊疥螨病。

2.治疗

伊维菌素注射液:使用剂量为 0.2mg/kg 体重,皮下注射,8～14d 后再注射 1 次。

除去耳中痂皮,滴入 1%～2% 敌百虫溶液少许。

用 0.5%～1% 敌百虫溶液、0.05% 双甲脒溶液、0.05% 辛硫磷乳油水溶液、0.05% 蝇毒磷乳剂水溶液、0.005% 溴氰菊酯、0.025%～0.075% 螨净进行全群药浴或喷洒,第 1 次药浴后 8～14d 应进行第 2 次药浴。

五、羊蠕形螨病

羊蠕形螨病又称毛囊虫病或脂螨病,是由蠕形螨科的山羊蠕形螨和绵羊蠕形螨寄生于羊的毛囊或皮脂腺内引起的一种皮肤病。

(一)病原

蠕形螨虫体细长,呈蠕虫状,半透明、乳白色。一般体长 0.17～0.44mm、宽 0.045～0.065mm。虫体分颚体(头部)、足体(胸部)和末体(腹部)三部分。颚体(假头)呈不规则四边形,由一对细针状的螯肢、一对分三节的须肢及一个延伸为膜状构造的口下板组成,有短喙状的刺吸式口器。足体有四对粗短的足。末体长,表面有明显的横纹。雄螨的雄茎自足体的背面突出。雌螨的阴门为一狭长的纵裂,位于腹面第 4 对足的后方。虫卵呈淡黄褐色,卵为圆形或椭圆形,一端钝圆,另一端狭窄。

(二)病原生活史

蠕形螨的发育过程包括卵、幼虫、若虫和成虫四个阶段,全部在宿主体上进行。雌虫在毛囊和皮脂腺内产卵,幼虫经 2～3d 孵出幼虫,幼虫经 1～2d 蜕皮变为第一期若虫,第一期若虫经 3～4d 蜕皮变为第二期若虫,经 1 个或多个若虫期蜕皮变为成虫。完成一个生活周期大概需要 18～24d。

(三)临床症状

本病见于山羊和绵羊,可造成皮肤损伤和消瘦。主要在羊面部、颌下、颈部、肩部、背部、腹部、四肢等部位形成很多针尖至蚕豆大小的结节,呈囊状,数量几个至几千个不等。成年羊较幼年羊症状明显。部分结节中央可见小孔,可挤压出浓稠的干酪样物,镜检能发现大量蠕形螨。患羊被毛粗乱、疏密不均、无光泽、脱毛,消瘦。仔细观察可见局部皮肤有较大的结节病灶或痘疤,结节外围组织有轻度炎症,病状经久不愈,使皮张严重受损,用手可触摸到大小不等的坚硬结节。

(四)诊断

本病的早期诊断较困难。诊断可根据病史和临床症状,确诊要看到虫体。可切破皮肤上的结节或脓疱,取其内容物,适当滴加甘油水或常水制成涂片,再镜检虫体。

(五)防治

发现患羊,首先进行隔离。对局部病变的治疗可在治疗前先将患部剪毛,用双氧水(过氧化氢)清洗干净,然后选用下述药物进行治疗:阿维菌素或伊维菌素,使用剂量为 0.2～0.3mg/kg 体重,皮下注射,间隔 7～10d 重复用药 1 次;双甲脒,以 250mg/kg 体重的剂量配成水乳液涂擦患部,间隔 7～10d 重复应用;对脓疱型重症病例还应同时选用高效抗菌药物,以防继发细菌感染。同时,消毒一切被污染的场所和用具,对体质虚弱的患羊应注意补饲,以增强其体质及抵抗力。

六、羊鼻蝇蛆病

羊鼻蝇蛆病是由狂蝇科狂蝇属的羊鼻蝇的幼虫寄生在羊的鼻腔及其附近的额窦或鼻窦内(少数可进入颅腔)引起的一种慢性寄生虫病,又称羊狂蝇蛆病,可引起羊鼻炎、鼻窦炎或额窦炎,影响羊的采食和休息,病羊表现为精神不安、消瘦、生长缓慢,严重者可能死亡,对养羊业危害极大。

(一)病原

成虫羊鼻蝇(又称羊狂蝇)是一种中型蝇类,比家蝇大,淡灰色,全身密生短绒毛,略带金属色泽,体长 10～12mm。头大呈半球形,黄色;两复眼小,相距较远;缺口器;触角球形,位于触角窝内。第三节黑色,角芒黄色,基部膨大、光滑,胸部黄棕色并带有黑色纵纹,腹部有褐色及银色的斑点,翅透明,形似蜜蜂。胎生。

第一期幼虫为淡黄色,长约 1mm,呈米粒样,前端有两个黑色口前钩,体表丛生小刺,末端的肛门分左右两叶,后气门很小,呈管状;第二期幼虫为长椭圆形,长 20～25mm,体表刺不明显,后气门呈弯肾形;第三期幼虫长约 30mm,分 12 节,各体节上有深棕色横断,背部隆起,褐色带斑,腹面平直,各节前缘生有很多小刺。虫体前端较尖,有一对发达的黑色角质口前钩,后端齐平,有两个黑色后气门板。

(二)病原生活史

羊鼻蝇为全球性分布的一种主要侵袭羊的寄生虫,其发育需经幼虫、蛹及成蝇 3 个阶段。成蝇既不采食也不营寄生生活。一般在每年 2—4 月开始出现,尤以 7—9 月为多。雌、雄蝇交配后,雄蝇很快死亡。雌蝇活至体内幼虫形成后,在炎热、晴朗、无风的白天活动,追逐羊只,当遇到羊时则突然冲向羊鼻,将幼虫产于羊的鼻孔内或鼻孔周围,一次能产下 20～40 个幼虫。每只雌蝇在数日内可产幼虫 500～600 个,产完幼虫后死亡。产出的第一期幼虫活动能力很强,以口前钩固着于鼻黏膜上,爬入鼻腔,并逐渐向深部移行,到达额窦或鼻窦内(有些幼虫还可以进入颅腔),经两次蜕化发育为第三期幼虫。羊可感染的数目不定,有的羊可以感染 130 多个。幼虫在鼻窦和额窦内寄生 9～10 个月。到第二年春天,发育成熟的第三期幼虫由鼻窦深部逐渐移向鼻孔。患羊打喷嚏时,将成熟幼虫喷出鼻孔,幼虫落在土壤表层或羊粪中变为蛹。蛹的外表形态与第三期幼虫相同。蛹经 1～2 个月(随温度而变异)后羽化为成蝇。雌、雄蝇交配后,雌蝇又侵袭羊群再产幼虫。成蝇寿命很短,一般为 4～5d,最多不超过 3 周。

在温暖地区,羊鼻蝇幼虫在羊鼻腔内的寄生期为 25～35d,蛹期为 27～28d,一年可繁殖两代;而在北方寒冷地区,羊鼻蝇幼虫在羊鼻腔内的寄生期为 9～10 个月,蛹期为 49～66d,每年仅繁殖一代。

(三)流行特点

该病主要危害绵羊,绵羊的感染率比山羊高。在我国西北、华北、东北地区较为常见,流行严重地区感染率高达 80%。常于每年的夏季感染,春季发病明显。

该病在养羊地区非常普遍,在我国西北、华北、东北及西南各地较为常见。各品种羊均可感染发病,对绵羊的危害较大,流行严重地区的绵羊感染率可达 80% 以上。对山羊危害较轻,人也有被寄生的报道。

(四)临床症状

成蝇在侵袭羊群产幼虫时,羊表现为不安,骚动,四处躲避,频频摇头、喷鼻,或以鼻孔抵于地,或将头藏于另一只羊的腹下或腿间。该病严重影响羊的采食和休息,使羊生长发育不良且消瘦。最严重的危害是幼虫进入羊鼻腔、额窦及鼻窦后,在腔窦内移行过程中其体表小刺和口前钩损伤黏膜,引起各腔窦黏膜的炎症,使其肿胀、出血。可见病羊流出大量鼻液,鼻液初为浆液性,后为黏液性或脓性,有时混有血液。大量鼻液在鼻孔周围干涸,形成鼻痂,堵塞鼻孔,使羊呼吸困难。此外,可见病羊极度不安,打喷嚏,时常摇头,以鼻端擦地,眼睑水肿、流泪,磨牙,食欲减退,日渐消瘦。症状表现可因幼虫在鼻腔内的发育期不同而持续数月。通常感染不久呈急性表现,以后逐渐好转,到幼虫寄生后期,则症状加剧。当个别幼虫侵入颅腔损伤脑膜或因继发感染而累及脑膜时,病羊出现神经症状,即"假旋回症",表现为运动失调,呈现转圈运动,头弯向一侧或发生麻痹等,最后病羊食欲废绝,因极度衰竭而死亡。

(五)剖检变化

当鼻蝇幼虫在羊鼻腔或腔窦内固着或移行时,以口前钩和腹面的小刺机械性地刺激损伤黏膜组织,引起鼻黏膜肿胀、发炎和出血。剖检病死羊,在鼻腔、鼻窦或额窦内可发现各期羊鼻蝇幼虫。

(六)诊断

病羊的生前诊断可结合流行病学和临床症状,用药液喷入鼻腔,收集用药后的鼻腔喷出物,发现死亡幼虫,即可确诊。剖检病死羊,可见鼻黏膜发生炎症和肿胀,严重时发生脑膜炎,在鼻腔、鼻窦或额窦内发现各期羊鼻蝇幼虫。出现神经症状时,应与羊脑多头蚴病和莫尼茨绦虫病相区别。

(七)防治

1. 预防

①消灭蛆蛹和成虫。在冬末春初,注意杀死从羊鼻内喷出的幼虫和挖掘羊舍周围墙角等地带的蛆蛹,并加以消灭;在初春后,发现有羊鼻蝇成虫时,使用1%~2%敌敌畏溶液喷雾或人工捕捉(在初飞出时,翅膀软弱,可进行捕捉),消灭成虫。

②定期驱虫。以消灭第一期幼虫为主要措施。在羊鼻蝇蛆病流行的季节,定期检查羊的鼻腔,每年11月中旬用伊维菌素(有条件的规模养殖场可采用多拉菌素)对羊只进行驱虫,间隔10d再驱一次,可显著降低羊鼻蝇幼虫的感染率和感染强度,减轻本病的危害。

③尽量避免在夏季中午放牧。

④羊舍应经常打扫、消毒和杀虫,羊粪等污物集中进行生物热发酵处理。

2. 治疗

实施药物治疗一般可选在每年的10—11月进行。其方法如下:

①20%碘硝酚注射液:使用剂量为10mg/kg体重,皮下注射。是驱杀羊鼻蝇蛆各期幼虫的理想药物。

②伊维菌素:使用剂量为0.2mg/kg体重,皮下注射,药效可维持20d,且疗效好。

③5%氯氰碘柳胺钠注射液:使用剂量为5~10mg/kg体重,口服。

④鼻腔内喷射药液:可使用0.1%~0.2%辛硫磷、0.03%~0.04%巴胺磷、0.012%氯氰菊酯水乳液,羊每侧鼻孔各10~15mL,用注射器先后向两侧鼻孔内喷射,两侧喷药间隔时间10~15min。对杀灭羊鼻蝇的早期幼虫有效。

⑤敌百虫或敌百虫软膏:在成蝇飞翔季节,可用10%敌百虫或1%敌百虫软膏涂在羊鼻孔周围,有驱避成蝇和杀死幼虫的作用。

⑥喷雾法:常用于大群防治,需在密闭的圈舍或帐幕内进行。按室内空间每立方米使用80%敌敌畏0.5~1mL剂量,加热或高压喷雾。羊吸雾15min,第一期幼虫即可被杀死。

七、羊虱病

羊虱病是由虱目颚虱科颚虱属,食毛目啮毛虱科毛虱属的颚虱、毛虱寄生于羊的皮肤引起的一种接触传染性慢性皮肤病。临床上以羊的痒感、蹭痒、不安及由此造成的皮肤损伤、脱毛、生产性能降低等为主要特征。

（一）病原

本病的病原分为两大类：一类是吸血的虱，有山羊颚虱、绵羊颚虱、足颚虱和非洲羊颚虱等；另一类是以毛、皮屑等为食的绵羊毛虱、山羊毛虱等。

绵羊颚虱背腹扁平，无翅。虱体分为头、胸、腹3部分，头、胸、腹分界明显。头部较胸部为窄，呈圆锥形。刺吸式口器，不吸血时口器缩入咽下的刺器囊内；触角1对，短，通常由5节组成；复眼1对，高度退化，含有色素。胸部略呈四角形，3节，有不同程度的愈合。足3对，粗短有力，跗节一般只有1节，跗节末端有一单爪，胫节远端内侧有一个指状突与爪相对，形成握毛的有力工具。腹部由9节组成，颚虱属的各种颚虱在每个腹节的背腹面至少有两列毛。雌虱大于雄虱，雌虱腹部末端分叉，雄虱末端钝圆。

山羊颚虱寄生于山羊体表，虫体色淡，长1.5～2mm。头部呈细长圆锥形，前有刺吸式口器，其后方陷于胸部内。胸部略呈四角形，3节，有不同程度的愈合，足3对，粗短有力。腹呈长椭圆形，侧缘有长毛，气门不显著。

山羊毛虱体长0.5～1.0mm，扁平，无翅，多扁而宽。头部钝圆，其宽度大于胸部，咀嚼式口器。胸部分为前胸、中胸和后胸，中胸、后胸常有不同程度的愈合，头部侧面有触角1对，由3～5节组成；每一胸节上着生1对足。腹部由11节组成，但最后数节常变成生殖器。

（二）病原生活史

羊虱的发育属不完全变态。发育过程包括卵、若虫和成虫3个阶段，终生不离开宿主，其中毛虱以啮食毛及皮屑为生，颚虱以吸食羊的血液为生。

（三）流行特点

本病一年四季均可发生，但严重的发病时间在10月至次年的6月。颚虱和毛虱多为混合感染。山羊比绵羊更易感染。传染源是病羊和带虫羊，通过接触直接传播或通过工具、羊舍间接传播。

母羊在哺育羔羊时感染毛虱，毛虱可迅速侵袭羔羊，感染率为100%，且感染强度大。

（四）临床症状

病羊表现不安，用嘴啃、蹄弹、腿挠解痒。此外，还经常在木桩、墙壁等处擦痒。轻度感染时，可引起病羊脱毛、消瘦、发育不良，导致羊产毛、产绒、产肉、产奶等生产性能降低。羔羊感染时被毛粗乱而无光泽，生长发育不良。由于羔羊经常舔吮患部和食入舍内的羊毛，故经常可见胃肠道毛球病。严重感染时，肉眼可见其皮毛上有大量毛虱在爬动。

毛虱、颚虱等侵袭羊体后，会造成羊局部皮肤损伤、水肿、肥厚，甚至还可进一步造成细菌感染，引起化脓、肿胀、发炎等。当颚虱大量侵袭羊体后，还可造成羊严重贫血。

（五）诊断

根据流行病学和临床症状可做出初步诊断，若在羊体表面检出虱或虱卵，即可确诊。

（六）防治

预防上要加强饲养管理，做好羊舍卫生清洁，控制饲养密度，不用垫料。杀灭羊体上的虱可用伊维菌素注射液，使用剂量为0.2mg/kg体重，皮下注射，也可用0.05%辛硫磷乳油水剂进行药浴。

八、羊蚤病

羊蚤病是由蚤科和蠕形蚤科的多种蚤寄生于山羊体表上引起的外寄生虫病。

(一)病原

寄生十羊体表的蚤类有多种,如剥壳蚤科蚤属的致痒蚤、蠕形蚤科蠕形蚤属的花蠕形蚤、长喙蚤属的羊长喙蚤等。这里仅介绍致痒蚤。

致痒蚤眼大,几乎与触角棒节等大,圆而色深;眼鬃 1 根,位于眼的下方;触角棒节短而圆;下颚内叶宽而短,锯齿发达,从基部分布至末端;后头鬃只有 1 根;无颊栉和前胸栉;中胸侧板狭窄;无垂直的棒形侧板杆;各足都发达,后足尤甚;后足基节内侧亚前缘有短壮的刺鬃 1~2 列,雌、雄性都只有 1 根臀前鬃。雄性抱器第 1 突起遮盖第 2、3 突起,宽大而呈半环状,高于臀板,边缘密生细鬃。雄性第 7 腹板后缘有 1 个小凹陷,受精囊头部近圆形,较小,尾部较头部细长。

(二)流行特点

蚤寄生于山羊、犬、猫、猪、牛、马等多种动物体表。各种动物之间可相互传播。一年四季均可发生,多见于冬、春两季。羊场发病与羊舍卫生条件差、垫料不洁净、多种畜禽混养有关。

(三)临床症状

病羊躁动不安,常用身体摩擦墙壁或树枝,在皮肤上可见蚤爬动。

有些蚤会叮咬羊只,致其皮肤发红、发炎。无明显的内脏器官病理变化。

(四)诊断

在皮肤上检出蚤类即可诊断。若要鉴定种类,需收集虫体,并将其浸泡在 70% 乙醇内,致死后,按虫体形态结构进行种类鉴定。

(五)防治

预防上要做好羊场的饲养管理工作,避免羊只与其他畜禽混养,加强羊场的卫生管理和消毒工作。

治疗上可选用溴氰菊酯、氰戊菊酯、双甲脒、辛硫磷等药物进行喷洒或药浴。个别严重的可肌内注射伊维菌素注射液进行治疗,间隔 15d 后再次用药。

本章彩图

参 考 文 献

[1] 袁晓丹,王春仁,朱兴全.片形吸虫病的危害与防制[J].中国动物传染病学报,2019,27(2):110-113.

[2] 高俊峰,高忠燕,王丽坤,等.枝双腔吸虫的形态学鉴定及分子进化研究[J].中国预防兽医学报,2019,41(8):857-860.

[3] 郝桂英.山羊源枝睾阔盘吸虫的形态和分子鉴定[J].中国预防兽医学报,2017,39(10):852-854.

[4] 张卫兴,王龙,张炳顺,等.山羊腔阔盘吸虫的形态学观察和分子鉴定[J].动物医学进展,2019,40(2):34-38.

[5] 郝桂英,易利,邓宇,等.枝睾阔盘吸虫凉山分离株 18S rRNA 基因部分序列测定与种系发育分析[J].中国动物传染病学报,2020,28(5):67-71.

[6] 简永利,涂宜强,高永安,等.前后盘吸虫梅花鹿源分离株的种类鉴定及遗传进化分析[J].西北农业学报,2017,26(5):665-670.

[7] 李利,邢继兰,王春仁,等.4 种终末宿主土耳其斯坦东毕吸虫 *cox1* 和 *nad1* 基因的序列分析[J].中国兽医科学,2008,38(4):303-307.

[8] 郝桂英,杨应东,周英姿,等.基于线粒体 *cox1* 和 *Cytb* 基因对四川地区多头带绦虫的种群遗传多样性研究[J].畜牧兽医学报,2014,45(4):631-638.

[9] 郝桂英,杨光友,古小彬,等.基于线粒体细胞色素 b 基因的细颈囊尾蚴种群遗传多样性研究[J].畜牧兽医学报,2012,43(1):119-125.

[10] 李芳芳,张挺,周彩显,等.捻转血矛线虫病的研究进展[J].中国动物传染病学报,2019,27(3):107-111.

[11] 王逢会,王波波,蔡葵蒸.蛇形毛圆线虫单种分离株的建立[J].甘肃农业大学学报,2017,52(10):7-12.

[12] 王亚男,宋军科,赵光辉,等.山羊美丽筒线虫 ITS 序列的 PCR 扩增及分析[J].动物医学进展,2012,33(12):80-84.

[13] 林瑞庆,张媛,朱兴全.食道口线虫与食道口线虫病的研究进展[J].中国预防兽医学报,2020,32(9):737-740.

[14] 郝桂英,王赵伟.羊毛尾线虫凉山州分离株的线粒体 *cox1* 和 *Cytb* 基因的序列测定及种系发育分析[J].中国兽医学报,2018(12):2327-2333.

[15] 郝桂英.羊泰勒虫病的研究进展[J].中国兽医学报,2020,40(2):424-428,434.

［16］ 郝桂英.羊梨形虫分子分类遗传标记的研究进展［J］.中国预防兽医学报,2020,42(3):309-314.

［17］ 郝桂英.羊球虫病研究进展［J］.中国兽医学报,2017,37(3):577-584.

［18］ 崔彬,菅复春,宁长申,等.隐孢子虫和羊隐孢子虫病的研究进展［J］.中国寄生虫学与寄生虫病杂志,2009,27(4):353-356.

［19］ 贺德华,李娇.新孢子虫病研究进展［J］.中国动物检疫,2014,31(5):33-36.

［20］ 赵兴绪.畜禽疾病诊断指南［M］.北京:中国农业出版社,2010.

［21］ 夏道伦.肉羊养殖新技术［M］.北京:化学工业出版社,2012.

［22］ 崔治中,金宁一.动物疫病诊断与防控彩色图谱［M］.北京:中国农业出版社,2013.

［23］ 王仲兵,郑明学.舍饲羊场疾病预防与控制新技术［M］.北京:中国农业出版社,2013.

［24］ 权凯,李君.规模肉羊场疾病高效防控手册［M］.北京:金盾出版社,2015.

［25］ 杨博辉,陈玉林,窦永喜.适度规模肉羊场高效生产技术［M］.北京:中国农业科学技术出版社,2015.

［26］ 律祥君.食用羊病防治新技术手册［M］.北京:中国农业科学技术出版社,2015.

［27］ 廖党金.奶牛寄生虫病与防控技术［M］.北京:中国农业出版社,2015.

［28］ 谷风柱,沈志强,王玉茂.羊病临床诊治彩色图谱［M］.北京:机械工业出版社,2016.

［29］ 李连任.羊场消毒防疫与疾病防制技术［M］.北京:中国农业科学技术出版社,2016.

［30］ 江斌,林琳,吴胜会,等.羊病速诊快治［M］.福州:福建科学技术出版社,2016.

［31］ 王邱悦,李媛.动物寄生虫病防控技术［M］.北京:科学出版社,2016.

［32］ 杨光友.兽医寄生虫病学［M］.北京:中国农业出版社,2017.